$$
\begin{array}{l|l}
x^3+3x^2y+3y^2x-98 & x^2+4xy-2y^2-10 \\
-x^3-4x^2y+2y^2x+10x & x-y \\
\hline
\quad -x^2y+5y^2x+10x-98 & \\
\quad +x^2y+4y^2x-2y^3-10y & \\
\end{array}
$$

1er Reste..... $+(9y^2+10)x-2y^3-10y-98$

$$
\begin{array}{l|l}
 & x^2+4xy-2y^2-10 \;\big|\; (9y^2+10)x-2y^3-10y-98 \\
\text{ou bien } (9y^2+10)x^2+36xy^3-18y^4-110y^2-100 & (9y^2+10)x-2y^3-10y-98 \\
\qquad\qquad\qquad +40xy & \\
\hline
\quad -(9y^2+10)x^2+2xy^3+98x & x+38y^3+50y+98 \\
\qquad\qquad +10xy & \\
\hline
\qquad +38xy^3-18y^4-110y^2-100 & \\
\qquad +50xy & \\
\qquad +98x & \\
\end{array}
$$

ou bien $\quad (38y^3+50y+98)(9y^2+10)x-162y^6-1170y^4-2000y^2-1000$

$\qquad -(38y^3+50y+98)(9y^2+10)x+76y^6+480y^4+3920y^3+500y^2+5880y+9604$

2e Reste........................ $-86y^6-690y^4+3920y^3-1500y^2+5880y+8604$

Divisant tous les termes de ce reste par 2, rendant le premier terme positif et l'égalant à zéro, [...]

$$43y^6+345y^4-1960y^3+750y^2-2940y-4302=0.$$

EXERCICES

DE CALCUL INTÉGRAL.

SUPPLÉMENT A LA PREMIÈRE PARTIE.

Nous nous proposons, dans ce Supplément, de faire connaître un nouveau genre assez étendu d'intégrales définies, qui peuvent être exprimées, en partie par les fonctions elliptiques, en partie par les arcs de cercle et les logarithmes. Ces applications, jointes à toutes celles que nous avons données dans la première Partie, démontrent de plus en plus l'utilité et même la nécessité d'admettre les fonctions elliptiques dans le calcul intégral, au même titre que les arcs de cercle et les logarithmes. Mais on ne pourra jouir pleinement des avantages de cette innovation, que lorsqu'il existera des tables suffisamment étendues des fonctions de la première et de la seconde espèce. Nous avons déjà tracé sommairement le plan d'après lequel ces tables pourraient être construites. Nous reviendrons, dans une autre occasion, sur cet objet, et nous donnerons des formules propres à simplifier le travail et à fournir de nouveaux moyens d'exécution.

(1). Les formules que nous avons rassemblées dans ce Supplément étant assez nombreuses, nous avons cru devoir, pour plus de clarté, les ranger dans une table générale divisée en seize cases, qui forment autant de tables particulières. Par cette disposition on

I

aura l'avantage de saisir d'un coup d'œil l'ensemble des résultats, et de retrouver facilement ceux dont on pourrait avoir besoin.

Nous allons parcourir successivement les différentes cases, et faire voir par quels moyens on est parvenu aux formules qu'elles contiennent. Il en est quelques-unes qui pourront intéresser les géomètres, tant par leur nouveauté que par l'analyse qui les a fait découvrir.

CASE I.

(2). D'après les dénominations rapportées en tête de la case, si on fait $\sin^2 \omega = \sin^2 \alpha \cos^2 \varphi + \sin^2 C \sin^2 \varphi$, on aura généralement

$$\int \frac{d\omega \cos \omega \sin^{2n+1}\omega}{\mathrm{MN}} = \int d\varphi \, (\sin^2\alpha \cos^2\varphi + \sin^2 C \sin^2\varphi)^n.$$

Mettant le second membre sous la forme $\sin^{2n} C \int d\varphi (1 - k\cos^2\varphi)^n$, développant le binome et intégrant chaque terme par les formules connues, depuis $\varphi = 0$ jusqu'à $\varphi = \frac{1}{2}\pi$, on aura pour résultat

$$\int \frac{d\omega \cos \omega \sin^{2n+1}\omega}{\mathrm{MN}} = \frac{\pi}{2}\sin^{2n}C \left(1 - nk \cdot \frac{1}{2} + \frac{n.n-1}{2} k^2 \cdot \frac{1.3}{2.4} - \text{etc.} \right).$$

Le second membre pourrait encore être mis sous la forme $\frac{\pi}{2} X^n$, X^n étant le coefficient de x^n dans le développement du produit $(1 - x\sin^2\alpha)^{-\frac{1}{2}}(1 - x\sin^2 C)^{-\frac{1}{2}}$.

(3). La même substitution donnerait

$$\int \frac{d\omega \cos \omega}{\mathrm{MN} \, \sin^{2n+1}\omega} = \int \frac{d\varphi}{(\sin^2\alpha \cos^2\varphi + \sin^2 C \sin^2\varphi)^{n+1}} ;$$

mais cette formule peut être mise sous une forme plus simple et débarrassée de fractions. Il suffit pour cela de faire directement

$$\sin^2\omega = \frac{\sin^2\alpha \sin^2 C}{\sin^2\alpha \cos^2\varphi + \sin^2 C \sin^2\varphi},$$

et on obtient

$$\int \frac{d\omega \cos \omega}{\mathrm{MN}\sin^{2n+1}\omega} = \frac{1}{\sin^{2n+1}\alpha \, \sin^{2n+1}C} \int d\varphi \, (\sin^2\alpha \cos^2\varphi + \sin^2 C \sin^2\varphi)^n,$$

l'intégrale en φ devant encore être prise depuis $\varphi = 0$ jusqu'à $\varphi = \frac{1}{2}\pi$. On a donc généralement, quel que soit n, cette formule remarquable ,

$$\int \frac{d\omega \cos\omega}{\mathrm{MN}\,\sin^{2n+1}\omega} = \frac{1}{\sin^{2n+1}\alpha\,\sin^{2n+1}\mathfrak{C}} \cdot \int \frac{d\omega\,\cos\omega\,\sin^{2n+1}\omega}{\mathrm{MN}}.$$

CASE II.

(4). Les formules de cette case sont entièrement semblables à celles de la case I, ce qu'on peut voir d'ailleurs *à priori*, en mettant M et N sous la forme $\mathrm{M}=\sqrt{(\cos^2\alpha-\cos^2\omega)}$, $\mathrm{N}=\sqrt{(\cos^2\omega-\cos^2\mathfrak{C})}$.

CASE III.

(5). Cette case contient six formules générales fort remarquables, surtout dans les premiers cas, qui offrent des résultats très-simples et très-élégans. Et d'abord la substitution

$$\sin^2\omega = \frac{\sin^2\alpha\,\sin^2\mathfrak{C}}{\sin^2\alpha\,\cos^2\varphi + \sin^2\mathfrak{C}\,\sin^2\varphi},$$

donne immédiatement pour la formule $\mathrm{A}^{2n}=\int\frac{\mathrm{MN}\,d\omega\,\cos\omega}{\sin^{2n+1}\omega}$, cette transformée

$$\frac{(\sin^2\mathfrak{C}-\sin^2\alpha)^2}{\sin^{2n-1}\alpha\,\sin^{2n-1}\mathfrak{C}}\int d\varphi\,\sin^2\varphi\,\cos^2\varphi\,(\sin^2\alpha\,\cos^2\varphi+\sin^2\mathfrak{C}\,\sin^2\varphi)^{n-2},$$

où l'intégrale doit être prise de $\varphi=0$ à $\varphi=\frac{1}{2}\pi$. Mettant le binome sous la forme $\sin^{2n-4}\mathfrak{C}\,(1-k\sin^2\varphi)^{n-2}$; développant la puissance et effectuant l'intégration de chaque terme entre les limites données, on a la valeur de A^{2n} insérée dans la case III.

De cette valeur se déduit l'intégrale B^{2n}, par le seul changement de $\sin\alpha$ en $\cos\mathfrak{C}$ et de $\sin\mathfrak{C}$ en $\cos\alpha$.

(6). Par la substitution $\sin^2\omega=\sin^2\alpha\,\cos^2\varphi+\sin^2\mathfrak{C}\,\sin^2\varphi$; l'intégrale $\int\mathrm{MN}\,d\omega\,\cos\omega\,\sin^{2n-3}\omega$, désignée par C^{2n}, prend la forme

$$\mathrm{C}^{2n}=(\sin^2\mathfrak{C}-\sin^2\alpha)^2\int d\varphi\,(\sin^2\alpha\,\cos^2\varphi+\sin^2\mathfrak{C}\,\sin^2\varphi)^n,$$

de sorte qu'on a en général

$$\mathrm{C}^{2n}=\sin^{2n-1}\alpha\,\sin^{2n-1}\mathfrak{C}\,.\,\mathrm{A}^{2n}.$$

(7). A l'égard des intégrales désignées par D^{2n}, K^{2n}, H^{2n}, il est aisé de vérifier immédiatement, sans transformations, les équations

$$D^{2n} = D^{2n-2} + A^{2n}, \quad K^{2n} = K^{2n-2} + B^{2n}, \quad H^{2n} = H^{2n-2} - C^{2n};$$

ainsi tout se réduit à connaître la valeur de D°, qui est la même que celle de K° et de H°; or on trouve aisément..............

$$D^{\circ} = \frac{\pi}{2} - \frac{\pi}{2} \cos(\mathfrak{C} - \alpha).$$

(8). Si on proposait de trouver une intégrale telle que

$$\int \frac{MN d\omega}{\sin^{2n}\omega \cos^{2m}\omega} \quad \text{ou} \quad \int \frac{MN d\omega}{\sin^{2n+1}\omega \cos^{2m+1}\omega};$$

il faudrait simplifier son dénominateur par des opérations successives, au moyen de la formule $\frac{1}{\sin^2\omega \cos^2\omega} = \frac{1}{\sin^2\omega} + \frac{1}{\cos^2\omega}$. Soit, par exemple, l'intégrale $P = \int \frac{MN d\omega}{\sin^3\omega \cos^5\omega}$: on a d'abord

$$\frac{1}{\sin^3\omega \cos^5\omega} = \frac{1}{\sin\omega \cos^5\omega} + \frac{1}{\sin^3\omega \cos^3\omega};$$

ensuite

$$\frac{1}{\sin^3\omega \cos^3\omega} = \frac{1}{\sin\omega \cos^3\omega} + \frac{1}{\sin^3\omega \cos\omega};$$

donc

$$\int \frac{MN d\omega}{\sin^3\omega \cos^5\omega} = \int \frac{MN d\omega}{\sin\omega \cos^5\omega} + \int \frac{MN d\omega}{\sin\omega \cos^3\omega} + \int \frac{MN d\omega}{\sin^3\omega \cos\omega};$$

ou en d'autres termes, $P = K^4 + K^2 + D^2$.

<h3 style="text-align:center">CASES IV et V.</h3>

(9). Si l'on fait $\sin^2\omega = \dfrac{\sin^2\alpha \sin^2\mathfrak{C}}{\sin^2\mathfrak{C} \cos^2\varphi + \sin^2\alpha \sin^2\varphi}$, $c^2 = 1 - \dfrac{\tan^2\alpha}{\tan^2\mathfrak{C}}$, ou $c = \dfrac{\sin\gamma}{\sin\mathfrak{C}}$, γ étant un angle auxiliaire tel que $\cos\gamma = \dfrac{\cos\mathfrak{C}}{\cos\alpha}$, on aura en général

$$\int \frac{d\omega}{MN \sin^{2n}\omega} = \frac{1}{\cos\alpha \sin\mathfrak{C}} \int \frac{d\varphi}{\Delta} (1 + \Delta^2 \cot^2\alpha)^n.$$

L'intégrale en φ devant être prise depuis $\varphi = 0$ jusqu'à $\varphi = \frac{1}{2}\pi$, on voit que cette intégrale pourra toujours s'exprimer par les

fonctions elliptiques complètes $F'(c)$, $E'(c)$, au moyen de la formule de réduction que nous avons rapportée.

La formule générale de la case V se déduit de celle de la case IV,
en mettant $\frac{1}{2}\pi - \beta$ au lieu de α, et $\frac{1}{2}\pi - \alpha$ au lieu de β, ce qui
ne change point la valeur du module c, ni par conséquent celles
des fonctions complètes $F'(c)$, $E'(c)$.

Les formules de ces deux cases serviront à trouver en général
la valeur des intégrales $\int \frac{d\omega}{MN}\, \mathrm{tang}^{2n}\omega$, $\int \frac{d\omega}{MN}\, \cot^{2n}\omega$, et aussi celle de
l'intégrale $\int \frac{d\omega}{MN \sin^{2n}\omega \cos^{2m}\omega}$, puisque ces diverses intégrales peuvent
être décomposées en une suite finie de termes compris dans les
cases IV et V.

CASE VI.

(10). La même substitution dont on a fait usage dans les deux
cases précédentes donne la formule

$$\int \frac{d\omega \sin^{2n}\omega}{MN} = \frac{\sin^{2n}\alpha}{\cos\alpha \sin\beta} \cdot \frac{d\varphi}{(1 - c^2\cos^2\alpha \sin^2\varphi)^n \Delta},$$

intégrale qui doit toujours être prise entre les limites $\varphi = 0$,
$\varphi = \frac{1}{2}\pi$.

Cette intégrale peut en général s'exprimer par les fonctions
complètes $F'(c)$, $E'(c)$, $\Pi'(-c^2\cos^2\alpha, c)$, au moyen de la formule
de réduction rapportée dans la case VI, formule qui est déduite
de celle de l'art. 9, première Partie. On peut aussi substituer à la
fonction de troisième espèce Π', sa valeur en fonctions de la première et de la deuxième espèce, donnée par la formule du n° 105;
cette valeur est (en supprimant le module c commun à ces fonctions)

$$\Pi'(-c^2\cos^2\alpha) = F' + \frac{\cos\alpha \sin\beta}{\sin^2\alpha}\left[F'E(\tfrac{1}{2}\pi - \alpha) - E'F(\tfrac{1}{2}\pi - \alpha)\right].$$

Si on observe ensuite que d'après l'équation $1 = b\,\mathrm{tang}(\tfrac{1}{2}\pi - \alpha)\mathrm{tang}\beta$,
on a (n° 57)

$$F(\tfrac{1}{2}\pi - \alpha) = F' - F(\beta)$$
$$E(\tfrac{1}{2}\pi - \alpha) = E' - E(\beta) + c^2\cos\alpha \sin\beta,$$

la valeur de Π' pourra s'exprimer ainsi :

$$\Pi'(-c^2\cos^2\alpha) = \frac{\sin^2\mathscr{C}}{\sin^2\alpha}\,\mathrm{F}' + \frac{\sin\mathscr{C}\,\cos\alpha}{\sin^2\alpha}\left[\mathrm{E}'\mathrm{F}(\mathscr{C}) - \mathrm{F}'\mathrm{E}(\mathscr{C})\right];$$

de sorte que les intégrales de la case VI ne dépendront que des fonctions F', E', $\mathrm{F}(\mathscr{C})$, $\mathrm{E}(\mathscr{C})$.

(11). Le cas de $\alpha = 0$ mérite d'être développé. Alors on a immédiatement

$$\int \frac{d\omega\,\sin^2\omega}{\mathrm{MN}} = \int \frac{d\omega\,\sin\omega}{\sqrt{(\cos^2\omega - \cos^2\mathscr{C})}}.$$

Soit $\cos\omega = \dfrac{\cos\mathscr{C}}{\cos\varphi}$, on aura la transformée $\displaystyle\int \frac{d\varphi}{\cos\varphi} = \tfrac{1}{2}\,\mathscr{L}\left(\frac{1+\sin\varphi}{1-\sin\varphi}\right)$, dans laquelle il faut faire $\varphi = \mathscr{C}$, ce qui donnera

$$\int \frac{d\omega\,\sin\omega}{\sqrt{(\sin^2\mathscr{C} - \sin^2\omega)}} = \tfrac{1}{2}\,\mathscr{L}\left(\frac{1+\sin\mathscr{C}}{1-\sin\mathscr{C}}\right).$$

Ce résultat se déduit également de la formule générale

$$\int \frac{d\omega\,\sin^2\omega}{\mathrm{MN}} = \frac{\sin\mathscr{C}}{\cos\alpha}\,\mathrm{F}' + \mathrm{E}'\mathrm{F}(\mathscr{C}) - \mathrm{F}'\mathrm{E}(\mathscr{C});$$

mais pour cela, au lieu de faire $\alpha = 0$, nous ferons $\alpha = \varepsilon$, ε désignant un arc infiniment petit. On aura alors $c^2 = 1 - \varepsilon^2\cot^2\mathscr{C}$, $b = \varepsilon\cot\mathscr{C}$,

$$\mathrm{F}' = \mathscr{L}\frac{4}{b}, \qquad \frac{\sin\mathscr{C}}{\cos\alpha} = \sin\mathscr{C}\,(1 + \tfrac{1}{2}b^2\tan^2\mathscr{C}),$$

$$\mathrm{E}(\mathscr{C}) = \sin\mathscr{C} + \frac{b^2}{4}\,\mathscr{L}\left(\frac{1+\sin\mathscr{C}}{1-\sin\mathscr{C}}\right) - \frac{b^2}{2}\sin\mathscr{C}.$$

De là on voit que $\left[\dfrac{\sin\mathscr{C}}{\cos\alpha} - \mathrm{E}(\mathscr{C})\right]\mathrm{F}'$ s'évanouit lorsqu'on fait $b = 0$; on a eu même temps $\mathrm{E}' = 1$ et $\mathrm{F}(\mathscr{C}) = \tfrac{1}{2}\,\mathscr{L}\left(\dfrac{1+\sin\mathscr{C}}{1-\sin\mathscr{C}}\right)$.

Ainsi le second membre de l'équation précédente se réduit à $\tfrac{1}{2}\,\mathscr{L}\left(\dfrac{1+\sin\mathscr{C}}{1-\sin\mathscr{C}}\right)$, ce qui est le résultat déjà trouvé.

(12). Lorsque α est égal à la quantité infiniment petite ε, la fonction $\Pi'(-c^2\cos^2\alpha)$ représente l'intégrale

$$\int \frac{d\varphi}{\left(\cos^2\varphi + \dfrac{\varepsilon^2}{\sin^2\mathscr{C}}\sin^2\varphi\right)\sqrt{(\cos^2\varphi + \varepsilon^2\cot^2\mathscr{C}\,\sin^2\varphi)}},$$

prise depuis $\varphi = 0$ jusqu'à $\varphi = \frac{1}{2}\pi$. On voit donc que cette intégrale se réduit dans ce cas à $\frac{\sin\mathfrak{c}}{2\mathfrak{c}^2}\,\mathcal{L}\left(\frac{1+\sin\mathfrak{c}}{1-\sin\mathfrak{c}}\right)$, formule qu'il serait assez difficile de vérifier par l'intégration directe.

Ce résultat suppose que $\mathfrak{c}$ n'est pas lui-même infiniment petit; car si $\mathfrak{c}$ était infiniment petit de l'ordre α, on aurait $c^2 = 1 - \frac{\alpha^2}{\mathfrak{c}^2}$, $b = \frac{\alpha}{\mathfrak{c}}$, $E(\mathfrak{c}) = F(\mathfrak{c}) = \mathfrak{c}$, et la formule générale donnerait

$$\int \frac{d\omega \sin^2\omega}{\sqrt{(\sin^2\omega - \sin^2\alpha)} \cdot \sqrt{(\sin^2\mathfrak{c} - \sin^2\omega)}} = \mathfrak{c}E^1(c).$$

C'est ce qu'il est facile de vérifier par l'intégration directe. En effet, puisque α et $\mathfrak{c}$ sont infiniment petits, la variable ω, toujours comprise entre ces deux quantités, est aussi infiniment petite; ainsi l'intégrale dont il s'agit est la même que

$$\int \frac{\omega^2 d\omega}{\sqrt{(\omega^2 - \alpha^2)} \cdot \sqrt{(\mathfrak{c}^2 - \omega^2)}}.$$

Soit $\omega^2 = \alpha^2 \sin^2\varphi + \mathfrak{c}^2 \cos^2\varphi$, et $c^2 = 1 - \frac{\alpha^2}{\mathfrak{c}^2}$; cette intégrale devient $\int \mathfrak{c}\,d\varphi \sqrt{(1 - c^2\sin^2\varphi)}$, ou $\mathfrak{c}E(c, \varphi)$, dans laquelle faisant $\varphi = \frac{1}{2}\pi$, on a pour résultat $\mathfrak{c}E^1(c)$.

CASE VII.

(13). Considérons la double intégrale

$$Z = \iint \frac{dp\,dq \sin p}{\cos^2 p + \cos^2\alpha \sin^2 p \cos^2 q + \cos^2\mathfrak{c} \sin^2 p \sin^2 q},$$

dans laquelle les limites de p, ainsi que celles de q, doivent être 0 et $\frac{1}{2}\pi$.

Si l'on intègre d'abord par rapport à q, on aura

$$Z = \frac{\pi}{2} \int \frac{dp \sin p}{\sqrt{(\cos^2 p + \cos^2\alpha \sin^2 p)} \cdot \sqrt{(\cos^2 p + \cos^2\mathfrak{c} \sin^2 p)}}.$$

Soit $\mathfrak{c} > \alpha$, et $\cos p = \cot\mathfrak{c} \tan\varphi$; si l'on fait $c^2 = 1 - \frac{\tan^2\alpha}{\tan^2\mathfrak{c}}$, on aura la transformée

$$Z = \frac{\pi}{2\cos\alpha \sin\mathfrak{c}} \int \frac{d\varphi}{\Delta},$$

laquelle doit être intégrée entre les limites $\varphi = 0$, $\varphi = \mathcal{C}$; on aura donc

$$Z = \frac{\pi}{2\cos\alpha\sin\mathcal{C}}\, F(c, \mathcal{C}).$$

(14). Faisons maintenant les intégrations dans un ordre inverse, et soit pour cet effet $\cos p = x$, $\cos^2\alpha\,\cos^2 q + \cos^2\mathcal{C}\sin^2 q = \cos^2\omega$; nous aurons d'abord à intégrer, depuis $x = 0$ jusqu'à $x = 1$, la différentielle

$$\frac{dx}{x^2 + (1 - x^2)\cos^2\omega} \quad \text{ou} \quad \frac{dx}{\cos^2\omega + x^2\sin^2\omega}.$$

L'intégrale est en général $\dfrac{1}{\sin\omega\cos\omega}\,\text{arc tang}(x\,\text{tang}\,\omega)$; et en faisant $x = 1$, elle se réduit à $\dfrac{\omega}{\sin\omega\cos\omega}$; on a donc

$$Z = \int \frac{\omega\,dq}{\sin\omega\cos\omega}.$$

Mais d'après l'équation $\cos^2\omega = \cos^2\alpha\,\cos^2 q + \cos^2\mathcal{C}\sin^2 q$, on trouve successivement

$$(\cos^2\alpha - \cos^2\mathcal{C})dq\sin q\cos q = d\omega\sin\omega\cos\omega,$$
$$\sin q \cdot \sqrt{(\cos^2\alpha - \cos^2\mathcal{C})} = \sqrt{(\sin^2\omega - \sin^2\alpha)},$$
$$\cos q \cdot \sqrt{(\cos^2\alpha - \cos^2\mathcal{C})} = \sqrt{(\sin^2\mathcal{C} - \sin^2\omega)},$$
$$dq = \frac{d\omega\sin\omega\cos\omega}{\sqrt{(\sin^2\omega - \sin^2\alpha)} \cdot \sqrt{(\sin^2\mathcal{C} - \sin^2\omega)}}.$$

Donc enfin on a

$$Z = \int \frac{\omega\,d\omega}{\sqrt{(\sin^2\omega - \sin^2\alpha)} \cdot \sqrt{(\sin^2\mathcal{C} - \sin^2\omega)}},$$

les limites de l'intégrale étant $\omega = \alpha$, $\omega = \mathcal{C}$.

(15). Comparant ces deux valeurs de Z, on a la formule remarquable

$$\int \frac{\omega\,d\omega}{\sqrt{(\sin^2\omega - \sin^2\alpha)} \cdot \sqrt{(\sin^2\mathcal{C} - \sin^2\omega)}} = \frac{\pi}{2\cos\alpha\sin\mathcal{C}}\, F(c, \mathcal{C}),$$

c'est la première de la case VII.

$$(16).$$

(16). Considérons maintenant la double intégrale

$$T = \iint \frac{dp\,dq \sin p \cos^2 p}{\cos^2 p + \cos^2\alpha \sin^2 p \cos^2 q + \cos^2\mathscr{C} \sin^2 p \sin^2 q},$$

qui aura également pour limites $p = 0$, $p = \frac{1}{2}\pi$; $q = 0$, $q = \frac{1}{2}\pi$.

Si on intègre d'abord par rapport à q, on aura

$$T = \frac{\pi}{2} \int \frac{dp \sin p \cos^2 p}{\sqrt{(\cos^2 p + \cos^2\alpha \sin^2 p)} \cdot \sqrt{(\cos^2 p + \cos^2\mathscr{C} \sin^2 p)}}.$$

Soit toujours $\mathscr{C} > \alpha$ et $\cos p = \cot\mathscr{C} \tan\varphi$, on aura la transformée

$$T = \frac{\pi}{2} \cdot \frac{\cot^2\mathscr{C}}{\cos\alpha \sin\mathscr{C}} \int \frac{d\varphi \tan^2\varphi}{\Delta};$$

d'où résulte, après avoir fait $\varphi = \mathscr{C}$,

$$T = \frac{\pi \cos\alpha}{2\sin^2\alpha \sin\mathscr{C}} \left[\frac{\sin\mathscr{C}}{\cos\alpha} - E(c, \mathscr{C})\right].$$

Revenons maintenant à la double intégrale, et faisons comme ci-dessus, $\cos p = x$, $\cos^2\alpha \cos^2 q + \cos^2\mathscr{C} \sin^2 q = \cos^2\omega$, nous aurons d'abord à intégrer depuis $x = 0$ jusqu'à $x = 1$, la différentielle

$$\frac{x^2 dx}{\cos^2\omega + x^2 \sin^2\omega}.$$

L'intégrale de celle-ci est

$$\frac{x}{\sin^2\omega} - \frac{\cot^2\omega}{\sin^2\omega} \text{arc} \tan(x \tan\omega).$$

Faisant $x = 1$, cette quantité se réduit à $\dfrac{1 - \omega \cot\omega}{\sin^2\omega}$; on a donc

$$T = \int \frac{1 - \omega \cot\omega}{\sin^2\omega} dq.$$

Substituant la valeur de dq en fonction de ω, il vient

$$T = \int \frac{(1 - \omega \cot\omega)\,d\omega \cot\omega}{\sqrt{(\sin^2\omega - \sin^2\alpha)} \cdot \sqrt{(\sin^2\mathscr{C} - \sin^2\omega)}}.$$

(17). Si on compare maintenant les deux valeurs de T, on aura cette seconde formule

$$\int \frac{(1 - \omega\cot\omega)d\omega \cot\omega}{\sqrt{(\sin^2\omega - \sin^2\alpha)} \cdot \sqrt{(\sin^2\mathscr{C} - \sin^2\omega)}} = \frac{\pi \cos\alpha}{2 \sin^2\alpha \sin\mathscr{C}} \left[\frac{\sin\mathscr{C}}{\cos\alpha} - E(c, \mathscr{C})\right].$$

On a d'ailleurs dans la case II,

$$\int \frac{d\omega \cot \omega}{MN} = \frac{\pi}{2 \sin \alpha \sin \mathcal{C}} ;$$

donc

$$\int \frac{\omega d\omega \cot^2 \omega}{MH} = - \frac{\pi}{2 \sin \alpha \sin \mathcal{C}} \left(\frac{\sin \mathcal{C}}{\sin \alpha} - 1 \right) + \frac{\pi \cot \alpha}{2 \sin \alpha \sin \mathcal{C}} E(c, \mathcal{C}),$$

Ajoutant à cette intégrale la valeur déjà trouvée de $\int \frac{\omega d\omega}{MN}$, on en déduit

$$\int \frac{\omega d\omega}{MN \sin^2 \omega} = - \frac{\pi}{2 \sin \alpha \sin \mathcal{C}} \left(\frac{\sin \mathcal{C}}{\sin \alpha} - 1 \right)$$
$$+ \frac{\pi \tan \alpha}{2 \sin \alpha \sin \mathcal{C}} F(c, \mathcal{C}) + \frac{\pi \cot \alpha}{2 \sin \alpha \sin \mathcal{C}} E(c, \mathcal{C}) :$$

c'est la seconde formule de la case VII.

(18). Si on prend la différentielle de la quantité $\frac{\omega MN \cos \omega}{\sin^{2n+1} \omega}$, on aura

$$d\left(\frac{MN\omega \cos \omega}{\sin^{2n+1}\omega} \right) = \frac{MN d\omega \cos \omega}{\sin^{2n+1}\omega} + \frac{(2n+1)\sin^2\alpha \sin^2\mathcal{C}}{\sin^{2n+2}\omega} \cdot \frac{\omega d\omega}{MN}$$
$$- \frac{2n(\sin^2\alpha + \sin^2\mathcal{C} + \sin^2\alpha \sin^2\mathcal{C})}{\sin^{2n}\omega} \cdot \frac{\omega d\omega}{MN}$$
$$+ \frac{(2n-1)(1 + \sin^2\alpha + \sin^2\mathcal{C})}{\sin^{2n-2}\omega} \cdot \frac{\omega d\omega}{MN} - \frac{(2n-2)\omega d\omega}{MN \sin^{2n-1}\omega} .$$

Intégrant de part et d'autre, et observant que le premier membre est zéro aux deux limites de l'intégrale, désignant de plus par Z^{2n} l'intégrale $\int \frac{\omega d\omega}{MN \sin^{2n}\omega}$, on aura

$$(2n+1)\sin^2\alpha \sin^2\mathcal{C} \, Z^{2n+2} = 2n(\sin^2\alpha + \sin^2\mathcal{C} + \sin^2\alpha \sin^2\mathcal{C}) Z^{2n}$$
$$- (2n-1)(1 + \sin^2\alpha + \sin^2\mathcal{C}) Z^{2n-2}$$
$$+ (2n-2) Z^{2n-4} - A^{2n},$$

A^{2n} étant l'intégrale $\int \frac{MN d\omega \cos \omega}{\sin^{2n+1}\omega}$ dont la valeur est donnée dans la case III.

Cette formule servira à trouver Z^4 par le moyen de Z^2 et Z^0, qui sont les deux premières formules de la case ; on aura ensuite Z^6 par le moyen de Z^4, Z^2 et Z^0 ; et ainsi des autres.

CASE VIII.

(19). Si dans la seconde formule de la case VII, on met $\frac{1}{2}\pi - \omega$, $\frac{1}{2}\pi - б$, $\frac{1}{2}\pi - \alpha$, à la place de ω, α, $б$, respectivement, ce qui ne change rien au module c, on aura, en prenant toujours l'intégrale depuis $\omega = \alpha$ jusqu'à $\omega = б$,

$$\frac{(\frac{1}{2}\pi - \omega)\,d\omega}{MN\cos^2\omega} = \frac{\pi(\cos б - \cos \alpha)}{2\cos^2 б \cos \alpha} + \frac{\pi}{2\cos \alpha \sin б}\,F\left(c, \tfrac{1}{2}\pi - \alpha\right)$$
$$+ \frac{\pi \sin б}{2\cos^2 б \cos \alpha}\,E\left(c, \tfrac{1}{2}\pi - \alpha\right).$$

Mais par les formules de la case V, on a

$$\tfrac{1}{2}\pi\int \frac{d\omega}{MN\cos^2\omega} = \frac{\pi}{2\cos \alpha \sin б}\,F'(c) + \frac{\pi \sin б}{2\cos \alpha \cos^2 б}\,E'(c).$$

De plus, les angles $\frac{1}{2}\pi - \alpha$, $б$, satisfaisant à l'équation......
$1 = b\,\mathrm{tang}(\frac{1}{2}\pi - \alpha)\,\mathrm{tang}\,б$, on a, suivant l'art. 57, première Partie,

$$F'(c) - F(c, \tfrac{1}{2}\pi - \alpha) = F(c, б)$$
$$E'(c) - E(c, \tfrac{1}{2}\pi - \alpha) = E(c, б) - c^2\cos \alpha \sin б.$$

De là on tirera

$$\int \frac{\omega\,d\omega}{MN\cos^2\omega} = \frac{\pi(\cos б - \cos \alpha)}{2\cos^2\alpha \cos б} + \frac{\pi}{2\cos \alpha \sin б}\,F(c, б)$$
$$+ \frac{\pi \sin б}{2\cos \alpha \cos^2 б}\,E(c, б):$$

c'est la seconde formule de la case VIII.

(20). On peut trouver cette formule d'une manière plus directe. Pour cet effet, si l'on différentie la quantité $\dfrac{\omega MN}{\sin \omega \cos \omega}$, on aura

$$d\left(\frac{\omega MN}{\sin \omega \cos \omega}\right) = \frac{MN\,d\omega}{\sin \omega \cos \omega} - \cos^2\alpha \cos^2 б \cdot \frac{\omega\,d\omega}{MN\cos^2\omega}$$
$$+ \sin^2\alpha \sin^2 б \cdot \frac{\omega\,d\omega}{MN\sin^2\omega} + (\cos^2\alpha + \cos^2 б - 1)\frac{\omega\,d\omega}{MN}.$$

Intégrant de part et d'autre et observant que le premier membre est nul aux deux limites de l'intégrale, on aura

$$\cos^2\alpha\,\cos^2 C \int\frac{\omega d\omega}{MN\,\cos^2\omega} = \int\frac{MN d\omega}{\sin\omega\,\cos\omega} + \sin^2\alpha\,\sin^2 C \int\frac{\omega d\omega}{MN\,\sin^2\omega}$$
$$+ (\cos^2\alpha + \cos^2 C - 1)\int\frac{\omega d\omega}{MN}.$$

Substituant les valeurs des intégrales données dans la case VII, et celle de $\int\frac{MN d\omega}{\sin\omega\,\cos\omega}$ donnée dans la case III, on retombe sur le même résultat que nous avons déjà trouvé.

(21). Pour obtenir les autres résultats de la case VIII, il faut différentier la quantité $\frac{\omega MN \sin\omega}{\cos^{2n+1}\omega}$, ce qui donnera

$$d\left(\frac{\omega MN \sin\omega}{\cos^{2n+1}\omega}\right) = \frac{MN\,d\omega\,\sin\omega}{\cos^{2n+1}\omega} - (2n+1)\cos^2\alpha\,\cos^2 C \cdot \frac{\omega d\omega}{MN\,\cos^{2n+2}\omega}$$
$$+ 2n\,(\cos^2\alpha + \cos^2 C + \cos^2\alpha\cos^2 C)\,\frac{\omega d\omega}{MN\,\cos^{2n}\omega}$$
$$- (2n-1)(1 + \cos^2\alpha + \cos^2 C)\,\frac{\omega d\omega}{MN\,\cos^{2n-2}\omega}$$
$$+ (2n-2)\,\frac{\omega d\omega}{MN\,\cos^{2n-4}\omega}.$$

Intégrant de part et d'autre dans les limites données, et désignant par U^{2n} l'intégrale $\int\frac{\omega d\omega}{MN\cos^{2n}\omega}$, on aura la formule générale de ré-duction rapportée dans la case VIII. Cette formule donne, en faisant $n = 1$, la valeur de U^4 ou $\int\frac{\omega d\omega}{MN\cos^4\omega}$; ensuite on obtiendra de même U^6, U^8, etc.

(22). Si l'on fait $\alpha = 0$, on a $c = 1$, $E(C) = \sin C$, $F(C) = \frac{1}{2}\mathcal{L}\left(\frac{1 + \sin C}{1 - \sin C}\right)$; ces substitutions faites dans les deux premières formules de la case, donnent les deux corollaires qui terminent cette case; au surplus, le second de ces corollaires se démontre directement, au moyen de l'intégration par parties.

CASE IX.

(23). Considérons maintenant la double intégrale suivante, prise entre les mêmes limites que ci-dessus.

$$V = \int\!\!\int \frac{dp\,dq\,\sin p\,\cos^2 q}{\cos^2 p + \sin^2 p\,(\cos^2\alpha\,\cos^2 q + \cos^2 C\,\sin^2 q)}.$$

En intégrant d'abord par rapport à p, puis par rapport à q, on trouve

$$V = \frac{1}{\sin^2 6 - \sin^2 \alpha} \int \omega \, d\omega \sqrt{\left(\frac{\sin^2 6 - \sin^2 \omega}{\sin^2 \omega - \sin^2 \alpha} \right)};$$

cette intégrale étant prise à l'ordinaire depuis $\omega = \alpha$ jusqu'à $\omega = 6$.

(24). Si on fait les intégrations dans l'ordre inverse, et que pour intégrer par rapport à q, on applique la formule

$$\int \frac{dq \, \cos^2 q}{A^2 \cos^2 q + B^2 \sin^2 q} = \frac{\frac{1}{2}\pi}{A^2 - B^2} \left(1 - \frac{B}{A} \right);$$

qu'ensuite on fasse $\cos p = x$, on aura

$$V = \frac{\frac{1}{2}\pi}{\sin^2 6 - \sin^2 \alpha} \int \left[\frac{dx}{1 - xx} - \frac{dx}{1 - xx} \cdot \sqrt{\left(\frac{\cos^2 6 + x^2 \sin^2 6}{\cos^2 \alpha + x^2 \sin^2 \alpha} \right)} \right].$$

Cette intégrale doit être prise depuis $x = 0$ jusqu'à $x = 1$; mais il faut des précautions particulières pour éviter les infinis que l'on rencontrerait en intégrant séparément les deux parties de la quantité sous le signe. Voici l'analyse qu'il convient de suivre pour cet objet, analyse qui est d'ailleurs indiquée par la théorie des fonctions elliptiques.

Supposant toujours $6 > \alpha$, soit $x = \cot 6 \, \tang \varphi$, $c^* = 1 - \frac{\tang^2 \alpha}{\tang^2 6}$, ou $c = \frac{\sin \gamma}{\sin 6}$, on aura

$$\frac{dx}{1 - xx} \sqrt{\left(\frac{\cos^2 6 + x^2 \sin^2 6}{\cos^2 \alpha + x^2 \sin^2 \alpha} \right)} = \frac{\cos^2 6}{\cos \alpha \sin 6} \cdot \frac{d\varphi}{\left(1 - \frac{\sin^2 \varphi}{\sin^2 6} \right) \Delta}.$$

L'intégrale de cette quantité est $\frac{\cos^2 6}{\cos \alpha \sin 6} \cdot \Pi\left(- \frac{1}{\sin^2 6} \right)$. Mais cette fonction ayant son paramètre négatif et plus grand que l'unité, il importe de la changer en une autre dont le paramètre soit plus petit que c^*; c'est ce qui se fera par la formule du n° 49, laquelle donne, en faisant $r = \cot 6 \cos \gamma \cdot \frac{\tang \varphi}{\Delta}$,

$$\Pi\left(- \frac{1}{\sin^2 6} \right) = F - \Pi\left(- \sin^2 \gamma \right) + \frac{\tang 6}{2 \cos \gamma} \log \frac{1 + r}{1 - r}.$$

Multipliant par $\frac{\cos^2 6}{\cos \alpha \sin 6}$, et observant qu'on a $\cos 6 = \cos \alpha \cos \gamma$, il vient

$$\int \frac{dx}{1-xx}\sqrt{\left(\frac{\cos^2\theta+x^2\sin^2\theta}{\cos^2\alpha+x^2\sin^2\alpha}\right)}=\frac{\cos\theta\cos\gamma}{\sin\theta}\,[F-\Pi(-\sin^2\gamma)]$$
$$+\tfrac{1}{2}\log\left(\frac{1+r}{1-r}\right).$$

Donc en appelant V' l'intégrale indéfinie,

$$\int\left[\frac{dx}{1-xx}-\frac{dx}{1-xx}\sqrt{\left(\frac{\cos^2\theta+x^2\sin^2\theta}{\cos^2\alpha+x^2\sin^2\alpha}\right)}\right],$$

on aura

$$V'=\tfrac{1}{2}\log\left(\frac{1+x}{1-x}\right)-\tfrac{1}{2}\log\left(\frac{1+r}{1-r}\right)+\cot\theta\cos\gamma\,[-F+\Pi(-\sin^2\gamma)],$$

les fonctions F et Π ayant d'ailleurs le module commun c et l'amplitude commune φ.

(25). La partie de cette intégrale affectée de logarithmes, peut se mettre sous la forme

$$\log\left(\frac{1+x}{1+r}\right)-\tfrac{1}{2}\log\left(\frac{1-x^2}{1-r^2}\right);$$

d'ailleurs en substituant la valeur de r et celle de x en φ, on trouve

$$\frac{1-x^2}{1-r^2}=\frac{\Delta^2}{1-\sin^2\gamma\,\sin^2\varphi}.$$

Donc on aura indéfiniment, quel que soit φ;

$$V'=\log\left(\frac{1+x}{1+r}\right)+\tfrac{1}{2}\log\left(\frac{1-\sin^2\gamma\,\sin^2\varphi}{\Delta^2}\right)$$
$$+\cot\theta\cos\gamma\,[-F+\Pi(-\sin^2\gamma)].$$

Mais lorsqu'on fait $x=1$, on a $\varphi=\theta$, $r=1$, $\Delta=\cos\gamma$, et la valeur de V' devient

$$V'=\tfrac{1}{2}\mathcal{L}(1+\sin^2\theta-\sin^2\alpha)+\cot\theta\cos\gamma\,[-F(c,\theta)+\Pi(-\sin^2\gamma,\,c,\,\theta)];$$

cette valeur étant trouvée, il en résulte une seconde expression de V, laquelle est

$$V=\frac{\tfrac{1}{2}\pi}{\sin^2\theta-\sin^2\alpha}\,V'.$$

Comparant les deux valeurs de V, on a enfin ce résultat remarquable

$$\int \omega\, d\omega \sqrt{\left(\frac{\sin^2 \mathfrak{C} - \sin^2 \omega}{\sin^2 \omega - \sin^2 \alpha}\right)} = \frac{\pi}{4}\, \mathcal{L}\,(1 + \sin^2 \mathfrak{C} - \sin^2 \alpha)$$

$$+ \frac{\pi \cos^2 \mathfrak{C}}{2 \sin \mathfrak{C} \cos \alpha}\, [- F(c, \mathfrak{C}) + \Pi(-\sin^2 \gamma, c, \mathfrak{C})],$$

où l'on a $c = \dfrac{\sin \gamma}{\sin \mathfrak{C}}$, et $\cos \gamma = \dfrac{\cos \mathfrak{C}}{\cos \alpha}$.

(26). Il ne sera pas inutile de faire voir comment on peut parvenir à ce résultat par une route fort différente. Pour cet effet, appelons Z l'intégrale inconnue,

$$\int \omega\, d\omega \sqrt{\left(\frac{\sin^2 \omega - \sin^2 \alpha}{\sin^2 \mathfrak{C} - \sin^2 \omega}\right)}.$$

Prise depuis $\omega = \alpha$ jusqu'à $\omega = \mathfrak{C}$, on aura (parce que la quantité sous le signe est nulle à la première limite de l'intégrale),

$$\frac{dZ}{d\alpha} = - \sin \alpha \cos \alpha \int \frac{\omega\, d\omega}{MN} = - \frac{\pi \sin \alpha}{2 \sin \mathfrak{C}}\, F(c, \mathfrak{C}).$$

Réciproquement, Z pourra se déduire de l'intégrale suivante, prise par rapport à α,

$$Z = \frac{\pi}{2 \sin \mathfrak{C}} \int - d\alpha \sin \alpha F(c, \mathfrak{C}).$$

Il s'agit donc de trouver l'intégrale $\int - d\alpha \sin \alpha\, F(c, \mathfrak{C})$ que, pour abréger, je désignerai par Z'; mais comme $F(c, \mathfrak{C})$ lui-même peut se mettre sous la forme $\int \dfrac{d\varphi}{\sqrt{(1 - c^2 \sin^2 \varphi)}}$, pourvu qu'après l'intégration on fasse $\varphi = \mathfrak{C}$; on pourra, dans cette supposition, écrire ainsi la valeur de Z',

$$Z' = \iint \frac{- d\varphi\, d\alpha \sin \alpha}{\sqrt{(1 - c^2 \sin^2 \varphi)}} = \iint \frac{- d\varphi\, d\alpha \sin \alpha \cos \alpha}{\sqrt{(\cos^2 \varphi \cos^2 \alpha + \cot^2 \mathfrak{C} \sin^2 \varphi \sin^2 \alpha)}}.$$

Prenant d'abord l'intégrale par rapport à α, on aura

$$\int \frac{d\varphi \sqrt{(\cos^2 \varphi \cos^2 \alpha + \cot^2 \mathfrak{C} \sin^2 \varphi \sin^2 \alpha)}}{\cos^2 \varphi - \cot^2 \mathfrak{C} \sin^2 \varphi} = \int \frac{\cos \alpha \cdot \Delta d\varphi}{1 - \dfrac{\sin^2 \varphi}{\sin^2 \mathfrak{C}}};$$

et parce que $c^2 = \dfrac{\sin^2 \gamma}{\sin^2 \mathfrak{C}}$, cette intégrale devient

$$\cos \alpha \sin^2 \gamma F + \cos \alpha \cos^2 \gamma \Pi\left(- \frac{1}{\sin^2 \mathfrak{C}}\right).$$

Mais j'observe qu'à l'intégrale prise par rapport à α; il faut ajouter une constante Φ' qui pourra être fonction de φ et de c; ainsi en supposant $\int \Phi' d\varphi = \Phi$, Φ étant une fonction de φ et c, laquelle deviendra fonction de c seule lorsqu'on fera $\varphi = c$, il vient

$$Z' = \cos\alpha \sin^2\gamma\, F + \cos\alpha \cos^2\gamma\, \Pi\left(-\frac{1}{\sin^2 c}\right) + \Phi.$$

Substituant la valeur de $\Pi\left(-\frac{1}{\sin^2 c}\right)$ donnée dans l'art. 24, on aura

$$Z' = \cos\alpha\, F - \frac{\cos^2 c}{\cos\alpha}\, \Pi(-\sin^2\gamma) + \frac{\sin c}{2}\, \mathcal{L}\left(\frac{1+r}{1-r}\right) + \Phi,$$

et par conséquent

$$Z = \frac{\pi\cos\alpha}{2\sin c}\, F - \frac{\pi\cos^2 c}{2\cos\alpha \sin c}\, \Pi(-\sin^2\gamma) + \frac{\pi}{4}\,\mathcal{L}\left(\frac{1+r}{1-r}\right) + \frac{\pi}{2\sin c}\, \Phi.$$

Mais on a $\frac{\pi}{4}\mathcal{L}\left(\frac{1+r}{1-r}\right) = \frac{\pi}{2}\mathcal{L}(1+r) - \frac{\pi}{4}\mathcal{L}(1-r^2)$; d'un autre côté, la valeur de r donne

$$1 - r^2 = \frac{1 - \sin^2\gamma \sin^2\varphi}{\Delta^2} \cdot \frac{\sin^2 c - \sin^2\varphi}{\sin^2 c \cos^2\varphi},$$

et par conséquent

$$\frac{\pi}{4}\mathcal{L}(1-r^2) = \frac{\pi}{4}\mathcal{L}\left(\frac{1 - \sin^2\gamma \sin^2\varphi}{\Delta^2}\right) + \frac{\pi}{4}\mathcal{L}\left(\frac{\sin^2 c - \sin^2\varphi}{\sin^2 c \cos^2\varphi}\right).$$

Réunissant la partie $-\frac{\pi}{4}\mathcal{L}\left(\frac{\sin^2 c - \sin^2\varphi}{\sin^2 c \cos^2\varphi}\right)$ avec la fonction $\frac{\pi}{2\sin c}\,\Phi$, comme ne faisant ensemble qu'une seule fonction de φ et c, laquelle, après avoir fait $\varphi = c$, devient une fonction de c seule et peut se désigner par $\psi(c)$, on aura enfin

$$Z = \frac{\pi\cos\alpha}{2\sin c}\, F - \frac{\pi\cos^2 c}{2\cos\alpha\sin c}\, \Pi(-\sin^2\gamma) - \frac{\pi}{4}\mathcal{L}(1 + \sin^2 c - \sin^2\alpha)$$
$$+ \psi(c) + \frac{\pi}{2}\mathcal{L}2.$$

Pour déterminer la fonction arbitraire ψ, il faut partir d'un cas particulier : or lorsqu'on fait $c = \alpha$, l'intégrale Z prise depuis $\omega = \alpha$ jusqu'à $\omega = c$, doit être nulle. Ainsi on voit que la quantité $\psi(c) + \frac{\pi}{2}\mathcal{L}2$ se réduit à zéro et qu'on a simplement

$$\int$$

$$\int \frac{\mathrm{M}}{\mathrm{N}}\,\omega d\omega = \frac{\pi \cos \alpha}{2 \sin \varepsilon}\,\mathrm{F}(c, \varepsilon) - \frac{\pi \cos^2 \varepsilon}{2 \cos \alpha \sin \varepsilon}\,\Pi(-\sin^2\gamma, c, \varepsilon)$$
$$- \frac{\pi}{4}\,\mathcal{L}(1 + \sin^2\varepsilon - \sin^2\alpha).$$

Cette formule s'accorde avec celle qu'on a trouvée dans l'art. 23, car elles satisfont toutes deux à l'équation

$$\int \frac{\mathrm{M}}{\mathrm{N}}\,\omega d\omega + \int \frac{\mathrm{N}}{\mathrm{M}}\,\omega d\omega = (\sin^2\varepsilon - \sin^2\alpha)\int \frac{\omega d\omega}{\mathrm{MN}}.$$

(27). Connaissant l'intégrale $\int \frac{\mathrm{N}}{\mathrm{M}}\,\omega d\omega$ qui revient à.............. $\sin^2\varepsilon \int \frac{\omega d\omega}{\mathrm{MN}} - \int \frac{\omega d\omega \sin^2\omega}{\mathrm{MN}}$, on en déduira la valeur de cette dernière, comme elle est insérée dans la table.

Si on désigne ensuite par V^{2n} l'intégrale $\int \frac{\omega d\omega \sin^{2n}\omega}{\mathrm{MN}}$, et qu'ayant différentié la quantité $\omega \mathrm{MN} \cos \omega \sin^{2n-3}\omega$, on revienne de la différentielle à son intégrale, on trouvera la formule de réduction $2n\mathrm{V}^{2n+2} = (2n-1)(1 + \sin^2\alpha + \sin^2\varepsilon)\mathrm{V}^{2n} +$ etc. donnée dans la case IX. Faisant dans cette formule $n = 1$, on en tire V^4 ou

$$\int \frac{\omega d\omega \sin^4\omega}{\mathrm{MN}} = \tfrac{1}{2}(1 + \sin^2\alpha + \sin^2\varepsilon)\int \frac{\omega d\omega \sin^2\omega}{\mathrm{MN}}$$
$$- \tfrac{1}{2}\sin^2\alpha \sin^2\varepsilon \int \frac{\omega d\omega}{\mathrm{MN}\sin^2\omega} - \frac{\pi}{8}(\sin \varepsilon - \sin \alpha)^2,$$

d'où résulte la formule insérée dans la case IX. On connaîtra ensuite les valeurs de V^6, V^8, etc. par la formule de réduction.

(28). Le cas de $\alpha = 0$ fournit plusieurs corollaires remarquables. Alors on a $c = 1$, $\gamma = \varepsilon$, $\Delta = \cos\varphi$,

$$\mathrm{F}(c, \varepsilon) = \tfrac{1}{2}\,\mathcal{L}\left(\frac{1 + \sin \varepsilon}{1 - \sin \varepsilon}\right),$$

$$\Pi(-\sin^2\gamma, c, \varphi) - \mathrm{F}(c, \varphi) = \int\left[\frac{d\varphi}{1 - \sin^2\varepsilon \sin^2\varphi}\cdot\frac{1}{\cos\varphi} - \frac{d\varphi}{\cos\varphi}\right]$$
$$= \frac{\sin^2\varepsilon}{\cos^2\varepsilon}\int\left[\frac{d\varphi}{\cos\varphi} - \frac{d\varphi \cos\varphi}{1 - \sin^2\varepsilon \sin^2\varphi}\right]$$
$$= \frac{\sin^2\varepsilon}{2\cos^2\varepsilon}\,\mathcal{L}\left(\frac{1 + \sin\varphi}{1 - \sin\varphi}\right) - \frac{\sin\varepsilon}{2\cos^2\varepsilon}\,\mathcal{L}\left(\frac{1 + \sin\varepsilon \sin\varphi}{1 - \sin\varepsilon \sin\varphi}\right).$$

3

Faisant $\varphi = c$, cette formule donne

$$\Pi - \mathrm{F} = \frac{\sin^2 c}{2\cos^2 c}\, \mathcal{L}\left(\frac{1+\sin c}{1-\sin c}\right) - \frac{\sin c}{2\cos^2 c}\, \mathcal{L}\left(\frac{1+\sin^2 c}{1-\sin^2 c}\right).$$

Substituant cette valeur dans l'expression de $\int \frac{\mathrm{N}}{\mathrm{M}}\omega\,d\omega$, on aura

$$\int \frac{\omega\,d\omega}{\sin \omega}\sqrt{(\sin^2 c - \sin^2\omega)} = \frac{\pi \sin c}{4}\, \mathcal{L}\left(\frac{1+\sin c}{1-\sin c}\right) - \frac{\pi}{2}\, \mathcal{L}\frac{1}{\cos c} \quad \begin{cases} \omega = 0 \\ \omega = c. \end{cases}$$

Cette intégrale se réduit à $\frac{\pi}{2}\mathcal{L}2$, lorsqu'on fait $c = \frac{1}{2}\pi$. En effet, on sait d'ailleurs que l'intégrale $\int \frac{\omega\,d\omega \cos \omega}{\sin \omega}$, prise depuis $\omega = 0$ jusqu'à $\omega = 0$ jusqu'à $\omega = \frac{1}{2}\pi$, est égale à $\frac{1}{2}\pi l 2$. On peut aussi la déduire des formules de l'art 43, 2ᵉ partie; car en intégrant par parties, on a $\int \frac{\omega\,d\omega \cos \omega}{\sin \omega} = \omega\, l \sin \omega - \int d\omega\, l \sin \omega$: soit $\sin \omega = x$, on aura......$\int d\omega\, l \sin \omega = \int \frac{dx\, lx}{\sqrt{(1-xx)}}$; donc l'intégrale $\int \frac{\omega\,d\omega \cos \omega}{\sin \omega}$, prise depuis $\omega = 0$ jusqu'à $\omega = \frac{1}{2}\pi$, est égale à l'intégrale $\int \frac{dx\, l\frac{1}{x}}{\sqrt{(1-xx)}}$, prise depuis $x = 0$ jusqu'à $x = 1$; or celle-ci, d'après l'art. cité, se réduit à $\frac{1}{2}\pi \log 2$.

(29). Si l'on fait $c = \frac{1}{2}\pi$ dans la valeur de $\int \frac{\mathrm{N}}{\mathrm{M}}\omega\,d\omega$, qui devient $\int \frac{\omega\,d\omega \cos \omega}{\sqrt{(\sin^2\omega - \sin^2\alpha)}}$, cette valeur devient indéterminée. Il faut donc supposer $c = \frac{1}{2}\pi - \varepsilon$, ε étant infiniment petit; mais le moyen le plus simple de déterminer, dans ce cas, la valeur de $\int \frac{\omega\,d\omega \cos \omega}{\sqrt{(\sin^2\omega - \sin^2\alpha)}}$, est de remonter à la valeur de V' de l'art. 24, laquelle, dans le cas de $c = \frac{1}{2}\pi$, devient

$$\mathrm{V}' = \int \frac{dx}{1-xx}\left(1 - \frac{x}{\sqrt{(\cos^2\alpha + x^2 \sin^2\alpha)}}\right).$$

Soit $x = \cot\alpha \, \tang\varphi$, on aura

$$\mathrm{V}' = \int \frac{\cos\alpha\, d\varphi}{\sin\alpha + \sin\varphi} = \mathcal{L}\left(\frac{\tang\frac{1}{2}\alpha + \tang\frac{1}{2}\varphi}{1 + \tang\frac{1}{2}\alpha \, \tang\frac{1}{2}\varphi}\right) - \mathcal{L}\tang\frac{1}{2}\alpha.$$

Cette intégrale doit être prise depuis $\varphi = 0$ jusqu'à $\varphi = \alpha$; ainsi en faisant $\varphi = \alpha$, on aura $\mathrm{V}' = \mathcal{L}(2\cos^2\frac{1}{2}\alpha)$, d'où résulte enfin la formule

$$\int \frac{u\,du\,\cos u}{\sqrt{(\sin^2 u - \sin^2 \alpha)}} = \frac{\pi}{2} \mathcal{L}(1 + \cos \alpha) \qquad \begin{cases} u = \alpha \\ u = \frac{1}{2}\pi. \end{cases}$$

De là on peut réciproquement conclure que dans le cas où $\mathcal{C} = \frac{1}{2}\pi - \varepsilon$, ε étant infiniment petit, (qui donne $c^2 = 1 - \varepsilon^2 \tan^2 \alpha$, $\sin^2 \gamma = 1 - \frac{\varepsilon^2}{\cos^2 \alpha}$), la fonction $\Pi(-\sin^2 \gamma, c, \mathcal{C})$, doit se réduire à

$$\frac{\cos \alpha}{\varepsilon^2} \log(1 + \cos \alpha) - \frac{\cos \alpha}{2\varepsilon^2} \log(1 + \cos^2 \alpha);$$

et par conséquent l'intégrale

$$\int \frac{\varepsilon^2 d\varphi}{(\cos^2 \varphi + \frac{\varepsilon^2}{\cos^2 \alpha} \sin^2 \varphi) \sqrt{(\cos^2 \varphi + \varepsilon^2 \tan^2 \alpha \sin^2 \varphi)}},$$

prise entre les limites $\varphi = 0$, $\varphi = \frac{1}{2}\pi - \varepsilon$, se réduit à

$$\cos \alpha \log(1 + \cos \alpha) - \frac{1}{2} \cos \alpha \log(1 + \cos^2 \alpha).$$

Nous remarquerons que, d'après la formule du n° 12, la même intégrale, prise depuis $\varphi = 0$ jusqu'à $\varphi = \frac{1}{2}\pi$, a pour valeur...
$\frac{1}{2} \cos \alpha \, \mathcal{L}\left(\frac{1 + \cos \alpha}{1 - \cos \alpha} \right)$, ou

$$\cos \alpha \log(1 + \cos \alpha) - \frac{1}{2} \cos \alpha \log(1 - \cos^2 \alpha).$$

Il n'est pas étonnant que cette seconde valeur soit plus grande que l'autre, puisque l'intégrale est prise dans une plus grande étendue ; mais ces deux résultats seraient très-difficiles à vérifier par l'intégration directe, et ils méritent par leur singularité et leur difficulté, de fixer l'attention des géomètres.

(30). On peut néanmoins trouver assez facilement la différence qu'il y a entre les deux formules, à raison de la plus grande extension de l'une d'elles. En effet, pour avoir cette différence, soit $\varphi = \frac{1}{2}\pi - \theta$, on aura à intégrer depuis $\theta = 0$ jusqu'à $\theta = \varepsilon$, la différentielle

$$\frac{\varepsilon^2 d\theta}{\left(\theta^2 + \frac{\varepsilon^2}{\cos^2 \alpha}\right) \sqrt{(\theta^2 + \varepsilon^2 \tan^2 \alpha)}}.$$

Soit $\theta = \varepsilon\, \mathrm{tang}\, \alpha\, \mathrm{tang}\, \psi$, la transformée sera $\dfrac{\cos^2\alpha \cdot d\psi\, \cos\psi}{1 - \cos^2\alpha\, \sin^2\psi}$, et son intégrale $\frac{1}{2}\cos\alpha\, \mathscr{L}\left(\dfrac{1 + \cos\alpha\, \sin\psi}{1 - \cos\alpha\, \sin\psi}\right)$. Faisant à la limite $\theta = \varepsilon$, ou $\psi = \frac{1}{2}\pi - \alpha$, cette intégrale deviendra

$$\frac{1}{2}\cos\alpha\, \mathscr{L}\left(\frac{1 + \cos^2\alpha}{1 - \cos^2\alpha}\right),$$

résultat qui s'accorde parfaitement avec la différence que nous avons trouvée entre les deux intégrales, l'une prise depuis $\varphi = 0$ jusqu'à $\varphi = \frac{1}{2}\pi$, l'autre prise seulement depuis $\varphi = 0$ jusqu'à $\varphi = \frac{1}{2}\pi - \varepsilon$. Au reste, on peut remarquer que la formule trouvée art. 103, se rapporte à ce genre d'intégrales.

CASE X.

(31). Considérons la double intégrale

$$Z = \iint \frac{dp\, dq\, \sin p\, (A + B\cos^2 p)}{\cos^2 p + \sin^2 p\left(\dfrac{\cos^2 q}{\cos^2 \mathfrak{C}} + \dfrac{\sin^2 q}{\cos^2 \alpha}\right)},$$

dont les limites sont 0 et $\frac{1}{2}\pi$ pour chaque variable.

Si on intègre d'abord par rapport à q, et qu'ensuite on fasse $\cos p = x$, il restera à déterminer, entre les limites $x = 0$, $x = 1$, l'intégrale

$$Z = \frac{\pi}{2}\cos\alpha\, \cos\mathfrak{C} \int \frac{(A + Bx^2)\, dx}{\sqrt{(1 - x^2\sin^2\mathfrak{C})} \cdot \sqrt{(1 - x^2\sin^2\alpha)}}.$$

Soit $\mathfrak{C} < \alpha$ et $x = \dfrac{\sin\varphi}{\sin\mathfrak{C}}$; soit en même temps $c = \dfrac{\sin\alpha}{\sin\mathfrak{C}}$, on aura

$$Z = \frac{\pi\cos\alpha\, \cos\mathfrak{C}}{2\sin\mathfrak{C}} \int \frac{d\varphi}{\Delta}\left(A + B\frac{\sin^2\varphi}{\sin^2\mathfrak{C}}\right);$$

d'où résulte, après avoir fait $\varphi = \mathfrak{C}$, l'intégrale cherchée

$$Z = \frac{\pi\cos\alpha\, \cos\mathfrak{C}}{2\sin\mathfrak{C}} AF(c, \mathfrak{C}) + \frac{\pi\cos\alpha\, \cos\mathfrak{C}}{2\sin^2\alpha\, \sin\mathfrak{C}} B[F(c, \mathfrak{C}) - E(c, \mathfrak{C})]$$

(32). Faisons maintenant les intégrations dans l'ordre inverse, et pour cet effet, soit $\cos p = x$ et

$$\frac{\cos^2 q}{\cos^2 \mathfrak{C}} + \frac{\sin^2 q}{\cos^2 \alpha} = \frac{1}{\cos^2 u},$$

nous aurons d'abord à intégrer la différentielle

$$\frac{\cos^2\omega\,.\,(A + Bx^2)\,dx}{1 - x^2\sin^2\omega}.$$

Son intégrale, prise à compter de $x = 0$, est

$$\frac{(A\sin^2\omega + B)\cot^2\omega}{2\sin\omega}\,\mathcal{L}\Big(\frac{1 + x\sin\omega}{1 - x\sin\omega}\Big) - Bx\cot^2\omega\,;$$

si ensuite on fait $x = 1$, et qu'on appelle V le résultat, on aura

$$V = -B\cot^2\omega + (A\sin^2\omega + B)\frac{\cot^2\omega}{2\sin\omega}\mathcal{L}\Big(\frac{1 + \sin\omega}{1 - \sin\omega}\Big).$$

Cela posé, la valeur de Z étant $\int V dq$, il faudra dans cette formule substituer la valeur de dq en fonction de φ : or de l'équation supposée on tire successivement

$$(\sin^2\mathcal{C} - \sin^2\alpha)\sin^2 q = \frac{\cos^2\alpha}{\cos^2\omega}(\cos^2\omega - \cos^2\mathcal{C})\,;$$

$$(\sin^2\mathcal{C} - \sin^2\alpha)\cos^2 q = \frac{\cos^2\mathcal{C}}{\cos^2\omega}(\cos^2\alpha - \cos^2\omega),$$

$$(\sin^2\mathcal{C} - \sin^2\alpha)\,dq\sin q\cos q = \cos^2\alpha\cos^2\mathcal{C}\,.\,\frac{d\omega\sin\omega}{\cos^3\omega}\,,$$

$$dq = \frac{\cos\alpha\cos\mathcal{C}\,.\,d\omega\,\mathrm{tang}\,\omega}{\sqrt{(\sin^2\omega - \sin^2)}\,.\,\sqrt{(\sin^2\mathcal{C} - \sin^2\omega)}}.$$

Donc enfin, si on fait pour abréger, $M = \sqrt{(\sin^2\omega - \sin^2\alpha)}$, $N = \sqrt{(\sin^2\mathcal{C} - \sin^2\omega)}$, $\Omega = \frac{1}{2}\mathcal{L}\Big(\frac{1 + \sin\omega}{1 - \sin\omega}\Big)$, on aura

$$Z = A\cos\alpha\cos\mathcal{C}\int\frac{\Omega\,d\omega\cos\omega}{MN} + B\cos\alpha\cos\mathcal{C}\int\Big(\frac{\Omega}{\sin\omega} - 1\Big)\frac{d\omega\cot\omega}{MN},$$

ces intégrales étant prises depuis $\omega = \alpha$, jusqu'à $\omega = \mathcal{C}$.

(33). Comparant entre elles les deux valeurs de Z, on en tire ces deux formules

$$\int\frac{\Omega\,d\omega\cos\omega}{MN} = \frac{\pi}{2\sin\mathcal{C}}F(c,\mathcal{C}),$$

$$\int\Big(\frac{\Omega}{\sin\omega} - 1\Big)\frac{d\omega\cot\omega}{MN} = \frac{\pi}{2\sin^2\alpha\sin\mathcal{C}}[F(c,\mathcal{C}) - E(c,\mathcal{C})].$$

Ajoutant à la seconde formule la valeur de $\int\frac{d\omega\cot\omega}{MN}$ donnée dans la case **I**, on en déduit

$$\int \frac{\Omega d\omega \cos \omega}{\mathrm{MN} \sin^2 \omega} = \frac{\pi}{2 \sin \alpha \sin \mathcal{C}} + \frac{\pi}{2 \sin^2 \alpha \sin \mathcal{C}} [\mathrm{F}(c, \mathcal{C}) - \mathrm{E}(c, \mathcal{C})].$$

Nous avons ainsi les deux premières formules de la case **X**.

Pour avoir en général la valeur de l'intégrale $\int \frac{\Omega d\omega \cos \omega}{\mathrm{MN} \sin^{2n} \omega}$, que nous désignerons par P^{2n}, il faut différentier la quantité $\frac{\Omega \mathrm{MN}}{\sin^{2n+1} \omega}$, puis revenir de la différentielle à l'intégrale, ce qui donnera la formule de réduction

$$(2n + 1) \sin^2 \alpha \sin^2 \mathcal{C} \, \mathrm{P}^{2n+2} = 2n (\sin^2 \alpha + \sin^2 \mathcal{C}) \mathrm{P}^{2n} - \text{etc.}$$

rapportée dans la case **X**; et au moyen de cette formule, on trouvera successivement les valeurs de P^4, P^6, etc.

(34). Quant aux corollaires qui terminent la case, ils se déduisent sans difficulté des formules générales, les uns en faisant $\mathcal{C} = \frac{1}{2}\pi$, les autres en faisant $\alpha = 0$. Il suffira seulement de faire voir ce que devient, dans le cas de $\alpha = 0$, l'équation

$$\int \left(\frac{\Omega}{\sin \omega} - 1 \right) \frac{d\omega \cot \omega}{\mathrm{MN}} = \frac{\pi}{2 \sin^2 \alpha \sin \mathcal{C}} [\mathrm{F}(c, \mathcal{C}) - \mathrm{E}(c, \mathcal{C})].$$

Alors le second membre prend une forme indéterminée, et pour en avoir la valeur, il faut supposer α infiniment petit, ce qui rendra de même c infiniment petit. Or on a en général

$$\mathrm{F}(c, \varphi) - \mathrm{E}(c, \varphi) = \int \frac{c^2 \sin^2 \varphi}{\Delta} d\varphi,$$

et puisque $\Delta = \sqrt{(1 - c^2 \sin^2 \varphi)}$, si on rejette les infiniment petits de l'ordre c^4 ou α^4, le second membre se réduit à $c^2 \int d\varphi \sin^2 \varphi = \frac{c^2}{2}(\varphi - \sin \varphi \cos \varphi)$; donc en faisant $\varphi = \mathcal{C}$, on aura

$$\int \frac{(\Omega - \sin \omega) d\omega \cos \omega}{\mathrm{MN} \sin^3 \omega} = \frac{\pi}{4 \sin^3 \mathcal{C}} (\mathcal{C} - \sin \mathcal{C} \cos \mathcal{C}).$$

CASE XI.

(35). Pour avoir la valeur de l'intégrale $\int \frac{\Omega d\omega \cos \omega \sin^{2n} \omega}{\mathrm{MN}}$, que nous désignerons en général par Q^{2n}, il suffit de changer le signe de n dans la formule de réduction de la case précédente, parce qu'alors P^{2n} se change en Q^{2n}, et l'on aura

$$(2n+1)Q^{2n+2}=2n(\sin^2\alpha+\sin^2\zeta)Q^{2n}-(2n-1)\sin^2\alpha\,\sin^2\zeta\,Q^{2n-2}+H^{2n},$$

H^{2n} désignant l'intégrale $\int\dfrac{MN\,d\omega\,\sin^{2n-1}\omega}{\cos\omega}$, dont la valeur a été donnée dans la case III. De là on tirera la valeur de l'intégrale Q^2, en faisant $n=0$, puis celle de Q^4 en faisant $n=1$, et ainsi de suite.

Les corollaires offrent plusieurs formules remarquables, mais ils se déduisent sans difficulté des formules générales.

CASE XII.

(36). Pour parvenir aux formules contenues dans cette case, considérons la double intégrale

$$V=\int\!\int\frac{dp\,dq\,\sin p\,\cos^2 q}{\cos^2 p+\sin^2 p\left(\dfrac{\cos^2 q}{\cos^2\zeta}+\dfrac{\sin^2 q}{\cos^2\alpha}\right)},$$

dans laquelle les deux variables ont toujours pour limites 0 et $\frac{1}{2}\pi$.

Si on intègre d'abord par rapport à p, et qu'on fasse $\dfrac{1}{\cos^2\omega}=\dfrac{\cos^2 q}{\cos^2\zeta}+\dfrac{\sin^2 q}{\cos^2\alpha}$, on aura

$$V=\frac{\cos\alpha\,\cos^2\zeta}{\sin^2\zeta-\sin^2\alpha}\int\frac{\Omega\,d\omega}{\cos\omega}\sqrt{\left(\frac{\sin^4\omega-\sin^2\alpha}{\sin^2\zeta-\sin^2\omega}\right)},$$

l'intégrale devant être prise depuis $\omega=\alpha$ jusqu'à $\omega=\zeta$.

(37). Faisons maintenant les intégrations dans un ordre inverse : l'intégrale étant prise par rapport à q, si on fait $\cos p=x$, on aura

$$V=\frac{\pi\cos^2\alpha\,\cos^2\zeta}{2(\sin^2\zeta-\sin^2\alpha)}\int\frac{dx}{1-xx}\left[1-\frac{\cos\zeta}{\cos\alpha}\sqrt{\left(\frac{1-x^2\sin^2\alpha}{1-x^2\sin^2\zeta}\right)}\right].$$

Soit, pour abréger,

$$X=\int\frac{dx}{1-xx}\quad\text{et}\quad V=\frac{\cos\zeta}{\cos\alpha}\int\frac{dx}{1-xx}\sqrt{\left(\frac{1-x^2\sin^2\alpha}{1-x^2\sin^2\zeta}\right)},$$

afin qu'on ait $V = \frac{\pi \cos^2\alpha - \cos^2\varsigma}{2(\sin^2\varsigma - \sin^2\alpha)} (X - Y)$. Si on fait $x = \frac{\sin\varphi}{\sin\varsigma}$, et $c = \frac{\sin\alpha}{\sin\varsigma}$, on aura d'abord

$$Y = \frac{\cos\varsigma}{\cos\alpha \sin\varsigma} \int \frac{\Delta\, d\varphi}{1 - \frac{\sin^2\varphi}{\sin^2\varsigma}},$$

ou

$$Y = \frac{\cos\varsigma}{\cos\alpha \sin\varsigma} \int \frac{d\varphi}{\Delta}\left(\sin^2\alpha + \frac{\cos^2\alpha}{1 - \frac{\sin^2\varphi}{\sin^2\varsigma}}\right),$$

ce qui donne l'intégrale indéfinie

$$Y = \frac{\cos\varsigma}{\cos\alpha \sin\varsigma}\left[\sin^2\alpha \,.\, F + \cos^2\alpha\, \Pi\left(-\frac{1}{\sin^2\varsigma}\right)\right].$$

Mais en faisant $r = \cot\varsigma \cos\alpha \,.\, \frac{\tan\varphi}{\Delta}$, on a, comme au n° 24,

$$\Pi\left(-\frac{1}{\sin^2\varsigma}\right) = F - \Pi\left(-\sin^2\alpha\right) + \frac{\tan\varsigma}{2\cos\alpha}\,\mathcal{L}\left(\frac{1+r}{1-r}\right);$$

donc

$$Y = \frac{\cos\varsigma}{\cos\alpha \sin\varsigma} F - \frac{\cos\varsigma \cos\alpha}{\sin\varsigma}\,\Pi\left(-\sin^2\alpha\right) + \tfrac{1}{2}\mathcal{L}\left(\frac{1+r}{1-r}\right);$$

et de là

$$X - Y = \tfrac{1}{2}\mathcal{L}\left(\frac{1+x}{1-x}\right) - \tfrac{1}{2}\mathcal{L}\left(\frac{1+r}{1-r}\right) - \frac{\cos\varsigma}{\cos\alpha \sin\varsigma} F + \frac{\cos\varsigma \cos\alpha}{\sin\varsigma}\,\Pi\left(-\sin^2\alpha\right).$$

Mais la partie $\tfrac{1}{2}\mathcal{L}\left(\frac{1+x}{1-x}\right) - \tfrac{1}{2}\mathcal{L}\left(\frac{1+r}{1-r}\right)$ se réduit, comme ci-dessus, d'abord à $\mathcal{L}\left(\frac{1+x}{1+r}\right) - \tfrac{1}{2}\mathcal{L}\left(\frac{1-x^2}{1-r^2}\right)$; ensuite, par la substitution des valeurs de x et de r en fonctions de φ, elle devient

$$\mathcal{L}\left(\frac{1+x}{1+r}\right) + \tfrac{1}{2}\mathcal{L}\left(\frac{1 - \sin^2\alpha \sin^2\varphi}{\Delta^2 \cos^2\varphi}\right):$$

jusques-là il ne s'agit que de l'intégrale indéfinie.

Maintenant à la limite de l'intégrale on a $x = 1$, $\varphi = \varsigma$, $r = 1$, $\Delta = \cos\alpha$, $\frac{1 - \sin^2\alpha \sin^2\varphi}{\Delta^2 \cos^2\varphi} = 1 + \tan^2\alpha + \tan^2\varsigma$; donc enfin on aura pour seconde valeur de V,

V

$$V = \frac{\pi \cos^2\alpha \cos^2\mathcal{C}}{2 (\sin^2\mathcal{C} - \sin^2\alpha)} \left\{ \frac{\cos\mathcal{C}\cos\alpha}{\sin\mathcal{C}} \Pi(-\sin^2\alpha, c, \mathcal{C}) - \frac{\cos\mathcal{C}}{\cos\alpha\sin\mathcal{C}} F(c, \mathcal{C}) \atop + \tfrac{1}{2}\mathcal{L}(1 + \mathrm{tang}^2\alpha + \mathrm{tang}^2\mathcal{C}) \right\}.$$

(38). Comparant ces deux valeurs de V, on aura la formule

$$\int \frac{\Omega d\omega}{\cos\omega} \cdot \frac{M}{N} = \frac{\pi \cos^2\alpha}{2\sin\mathcal{C}} \Pi(-\sin^2\alpha, c, \mathcal{C}) - \frac{\pi}{2\sin\mathcal{C}} F(c, \mathcal{C})$$
$$+ \frac{\pi\cos\alpha}{4\cos\mathcal{C}} \mathcal{L}(1 + \mathrm{tang}^2\alpha + \mathrm{tang}^2\mathcal{C}).$$

Ajoutant l'équation $\int \frac{\Omega d\omega \cos\omega}{MN} = \frac{\pi}{2\sin\mathcal{C}} F(c, \mathcal{C})$, on trouve

$$\int \frac{\Omega d\omega}{MN\cos\omega} = \frac{\pi}{2\sin\mathcal{C}} \Pi(-\sin^2\alpha, c, \mathcal{C})$$
$$+ \frac{\pi}{4\cos\alpha\cos\mathcal{C}} \mathcal{L}(1 + \mathrm{tang}^2\alpha + \mathrm{tang}^2\mathcal{C});$$

c'est la seconde formule de la case XII.

(39). Pour avoir les autres formules, désignons en général par T^{2n+1} l'intégrale $\int \frac{\Omega d\omega}{MN\cos^{2n+1}\omega}$; si on différentie la quantité... $\frac{\Omega MN \sin\omega}{\cos^{2n}\omega}$, et que de la différentielle on revienne à l'intégrale, on trouvera la formule :

$$2n\cos^2\alpha\cos^2\mathcal{C}\,T^{2n+1} = (2n-1)(\cos^2\alpha + \cos^2\mathcal{C} + \cos^2\alpha\cos^2\mathcal{C})\,T^{2n-1}$$
$$- (2n-2)(1 + \cos^2\alpha + \cos^2\mathcal{C})\,T^{2n-3}$$
$$+ (2n-3)\,T^{2n-5} + B^{2n},$$

B^{2n} étant l'intégrale $\int \frac{MN\, d\omega \sin\omega}{\cos^{2n+1}\omega}$, donnée dans la case III.

Si on fait $n = 1$ dans cette formule, on aura

$$2\cos^2\alpha\cos^2\mathcal{C}\,T^3 = (\cos^2\alpha + \cos^2\mathcal{C} + \cos^2\alpha\cos^2\mathcal{C})\int \frac{\Omega d\omega}{MN\cos\omega}$$
$$- \int \frac{\Omega d\omega \cos^3\omega}{MN} + \frac{\pi(\cos\alpha - \cos\mathcal{C})^2}{4\cos\alpha\cos\mathcal{C}}.$$

L'intégrale $\int \frac{\Omega d\omega \cos^3\omega}{MN}$ est donnée par les deux premières formules de la case XI ; ainsi en substituant sa valeur, on aura

$$\int \frac{\Omega d\omega}{\mathrm{MN}\cos^3\omega} = \frac{\pi(\sin^2\alpha\cos^2\mathfrak{C} + \sin^2\mathfrak{C}\cos^2\alpha)}{8\cos^3\alpha\cos^3\mathfrak{C}} + \frac{\cos^2\alpha + \cos^2\mathfrak{C} + \cos^2\alpha\cos^2\mathfrak{C}}{2\cos^2\alpha\cos^2\mathfrak{C}}\int \frac{\Omega d\omega}{\mathrm{MN}\cos\omega}$$
$$- \frac{\pi}{4\sin\mathfrak{C}\cos^2\alpha}\,\mathrm{F}(c,\mathfrak{C}) - \frac{\pi\sin\mathfrak{C}}{4\cos^2\alpha\cos^2\mathfrak{C}}\,\mathrm{E}(c,\mathfrak{C});$$

c'est la troisième formule de la case XII.

On déterminera ensuite aisément par la formule de réduction, les intégrales T^5, T^7, etc.

CASE XIII.

(40). D'après les dénominations rapportées en tête de la case, si l'on fait $\cos^2\omega = \dfrac{1 - \sin^2\mathfrak{C}\cos^2\psi}{\cos^2\alpha}$, on aura en général

$$\int \frac{d\omega\sin\omega\cos^{2n+1}\omega}{\mathrm{PQ}} = \frac{1}{\cos^{2n+1}\alpha}\int d\psi\,(1 - \sin^2\mathfrak{C}\cos^2\psi)^n, \qquad \left\{\begin{array}{l}\psi = 0 \\ \psi = \theta\end{array}\right.$$

d'où l'on voit que cette intégrale ne dépend que de l'angle θ.

De même, si l'on fait $\cos^2\omega = \dfrac{\cos^2\gamma}{1 - \sin^2\mathfrak{C}\sin^2\varphi}$, on aura généralement

$$\int \frac{d\omega\sin\omega}{\mathrm{PQ}\cos^{2n+1}\omega} = \frac{1}{\cos^{2n+1}\gamma}\int d\varphi\,(1 - \sin^2\mathfrak{C}\sin^2\varphi)^n, \qquad \left\{\begin{array}{l}\varphi = 0 \\ \varphi = \lambda\end{array}\right.$$

de sorte que cette intégrale ne dépend que de l'angle λ.

On peut d'ailleurs observer que $\mathfrak{C}$ est l'hypoténuse d'un triangle sphérique rectangle dont α et γ sont les deux côtés, et que dans ce triangle λ est l'angle opposé au côté γ, et $\frac{1}{2}\pi - \theta$, l'angle opposé au côté α.

(41). De la dernière formule on déduit les deux suivantes, qui s'expriment par des fonctions elliptiques dont le module est.... $c = \sin\mathfrak{C}$:

$$\int \frac{d\omega\sin\omega}{\mathrm{PQ}\cos^{2n}\omega} = \frac{1}{\cos^{2n}\gamma}\int \Delta^{2n-1}d\varphi,$$
$$\int \frac{d\omega\sin\omega\cos^{2n}\omega}{\mathrm{PQ}} = \cos^{2n}\gamma\int \frac{d\varphi}{\Delta^{2n+1}}. \qquad \left\{\begin{array}{l}\varphi = 0 \\ \varphi = \lambda.\end{array}\right.$$

Si dans ces formules on fait $\alpha = 0$, ce qui donne $\mathfrak{C} = \gamma$, $\lambda = \frac{1}{2}\pi$,

$Q = \sin \omega$, $P = \sqrt{(\sin^2 6 - \sin^2 \omega)}$, on aura les deux suivantes :

$$\int \frac{d\omega}{\cos^{2n}\omega \sqrt{(\sin^2 6 - \sin^2 \omega)}} = \frac{1}{\cos^{2n}6} \int \Delta^{2n-1} d\varphi,$$
$$\int \frac{d\omega \cos^{2n}\omega}{\sqrt{(\sin^2 6 - \sin^2 \omega)}} = \cos^{2n}6 \int \frac{d\varphi}{\Delta^{2n+1}};$$
$$\left\{ \begin{array}{l} \varphi = 0 \\ \varphi = \tfrac{1}{2}\pi \end{array} \right.$$

Ces intégrales seront donc toujours faciles à exprimer, au moyen des deux fonctions complètes $F'(c)$, $E'(c)$, où l'on a toujours $c = \sin 6$.

Si l'on observe d'ailleurs qu'on a généralement, lorsque......
$\varphi = \tfrac{1}{2}\pi$, (*)

$$\int \frac{d\varphi}{\Delta^{2n+1}} = \frac{1}{b^{2n}} \int \Delta^{2n-1} d\varphi,$$

et que dans ce cas, $b = \cos 6$, on en conclura

$$\int \frac{d\omega \cos^{2n}\omega}{\sqrt{(\sin^2 6 - \sin^2 \omega)}} = \int \Delta^{2n-1} d\varphi;$$

c'est en effet ce qui résulte immédiatement de la substitution $\sin \omega = \sin 6 \sin \varphi$.

De là on voit qu'on a généralement

$$\int \frac{d\omega \cos^{2n}\omega}{\sqrt{(\sin^2 6 - \sin^2 \omega)}} = \cos^{2n}6 \int \frac{d\omega}{\cos^{2n}\omega \sqrt{(\sin^2 6 - \sin^2 \omega)}}.$$

Ces deux intégrales étant prises entre les limites $\omega = 0$, $\omega = 6$.

CASE XIV.

(42). Il suffit de la substitution $\cos^2\omega = \dfrac{\cos^2\gamma}{1 - \sin^2\gamma \sin^2\varphi}$, pour obtenir les deux formules générales comprises dans cette case.

(*) On peut démontrer immédiatement cette formule en faisant........
$\operatorname{tang}\varphi = \frac{1}{b} \cot \psi$, car alors $\int \frac{d\varphi}{\Delta^{2n+1}}$ a pour transformée $- \frac{1}{b^{2n}} \int d\psi \Delta^{2n-1}(\psi)$; or cette dernière intégrale devant être prise depuis $\psi = \tfrac{1}{2}\pi$, jusqu'à $\psi = 0$, est la même que $\frac{1}{b^{2n}} \int d\varphi \Delta^{2n-1}(\varphi)$ prise depuis $\varphi = 0$ jusqu'à $\varphi = \tfrac{1}{2}\pi$.

Les intégrales en φ s'étendent jusqu'à $\varphi = \frac{1}{2}\pi$; ainsi elles s'exprimeront toutes par les trois fonctions complètes $F^1(c)$, $E^1(c)$, $\Pi^1(-c^2\sin^2\mathfrak{C}, c)$. Cette dernière peut d'ailleurs s'exprimer en fonctions de la première et de la deuxième espèce, au moyen de la formule du n° 105, qui donne

$$\Pi^1(-c^2\sin^2\mathfrak{C}, c) = F^1(c) + \frac{\operatorname{tang}\mathfrak{C}}{\cos\gamma}[F^1(c)E(c,\mathfrak{C}) - E^1(c)F(c,\mathfrak{C})].$$

Si l'on a $\gamma = \frac{1}{2}\pi$, ce qui donne

$$\mathfrak{C} = \alpha, \quad P = \cos\omega, \quad Q = \sqrt{(1 - \cos^2\alpha \cos^2\omega)},$$

les formules précédentes ne peuvent avoir lieu, parce que la valeur de $\cos^2\omega$ ne peut plus être représentée par la formule supposée. Alors on a l'intégrale

$$T^{2n} = \int \frac{d\omega \cos^{2n-1}\omega}{\sqrt{(1 - \cos^2\alpha \cos^2\omega)}}, \qquad \begin{cases} \omega = 0 \\ \omega = \frac{1}{2}\pi \end{cases}$$

dans laquelle faisant $\sin\omega = \operatorname{tang}\alpha \operatorname{tang}\varphi$, on obtient la transformée

$$T^{2n} = \frac{1}{\cos^{2n-1}\alpha} \int \frac{d\varphi}{\cos\varphi}\left(1 - \frac{\sin^2\alpha}{\cos^2\varphi}\right)^{n-1}. \qquad \begin{cases} \varphi = 0 \\ \varphi = \frac{1}{2}\pi - \alpha \end{cases}$$

Cette intégrale ne dépend en général que de la transcendante $\int \frac{d\varphi}{\cos\varphi}$ qui, dans les limites données, se réduit à $\frac{1}{2}\mathcal{L}\left(\frac{1 + \cos\alpha}{1 - \cos\alpha}\right)$, ou à $\log\cot\frac{1}{2}\alpha$.

CASE XV.

(43). Il s'agit de faire voir que les quatre intégrales désignées par T, V, T', V', peuvent être transformées en quatre autres d'une forme plus simple, et qui ne contiennent qu'un radical.

Pour cet effet, substituons d'abord, au lieu de ω, la suite.... $\operatorname{tang}\omega - \frac{1}{3}\operatorname{tang}^3\omega + \frac{1}{5}\operatorname{tang}^5\omega -$ etc., on aura la première de ces intégrales

$$T = \int \frac{d\omega}{PQ}\left(\frac{1}{3}\operatorname{tang}\omega - \frac{1}{5}\operatorname{tang}^3\omega + \text{etc.}\right).$$

Soit ensuite $\operatorname{tang}\omega = \operatorname{tang}\gamma \cos\zeta$ et $c = \frac{\sin\gamma}{\sin\mathfrak{C}}$, on aura la transformée

$$T = \frac{\operatorname{tang}\gamma}{\sin\zeta} \int \frac{d\zeta\cos\zeta}{\Delta}\left(\tfrac{1}{3} - \tfrac{1}{5}\operatorname{tang}^2\gamma\cos^2\zeta + \tfrac{1}{7}\operatorname{tang}^4\gamma\cos^4\zeta - \text{etc.}\right).$$

Supposons qu'on ait déterminé généralement, pour une valeur quelconque de m, l'intégrale

$$Z = \int \frac{d\zeta\cos\zeta}{\Delta}\left(\frac{m^3}{3} - \frac{m^5}{5}\cos^2\zeta + \frac{m^7}{7}\cos^4\zeta - \text{etc.}\right);$$

si dans cette intégrale on fait $m = \operatorname{tang}\gamma$, et que Z se change en Z', on aura alors $T = \dfrac{Z'}{\sin\zeta\,\operatorname{tang}^2\gamma}$; ainsi tout se réduit à trouver la valeur de Z. Or en différentiant par rapport à m, on a

$$\frac{dZ}{dm} = \int \frac{d\zeta\cos\zeta}{\Delta}\left(m^2 - m^4\cos^2\zeta + m^6\cos^4\zeta - \text{etc.}\right) = \int \frac{m^2\,d\zeta\cos\zeta}{(1 + m^2\cos^2\zeta)\Delta}.$$

Soit $c\sin\zeta = \sin\psi$, ce qui donne $\Delta = \cos\psi$, on aura

$$\frac{dZ}{dm} = \frac{m^2}{c}\cdot\int \frac{d\psi}{(1 + m^2)\cos^2\psi + \left(1 - \dfrac{b^2m^2}{c^2}\right)\sin^2\psi}.$$

Avant d'aller plus loin, j'observe que la valeur de m qu'il faudra substituer après les intégrations étant $\operatorname{tang}\gamma$, la quantité $1 - \dfrac{b^2m^2}{c^2}$ est toujours positive. Soit donc

$$n^2 = \frac{1 - \dfrac{b^2m^2}{c^2}}{1 + m^2},$$

et on aura

$$\frac{dZ}{dm} = \frac{m^2}{c(1 + m^2)}\int \frac{d\psi}{\cos^2\psi + n^2\sin^2\psi};$$

d'où l'on tire en effectuant l'intégration,

$$\frac{dZ}{dm} = \frac{m^2}{c(1 + m^2)}\operatorname{arc\,tang}(n\operatorname{tang}\psi).$$

Les limites de ζ étant 0 et $\tfrac{1}{2}\pi$, celles de $\operatorname{tang}\psi$ sont 0 et $\dfrac{c}{b}$, faisant donc $\dfrac{nc}{b} = \operatorname{tang}\varphi$, on aura

$$dZ = \frac{m^2\,dm}{c(1 + m^2)}\cdot\varphi.$$

Mais puisqu'on a $n = \frac{b}{c}$ tang φ, on déduit de là,

$$m^2 = \frac{1}{b^2}\left(c^2 - \sin^2\varphi\right).$$

Ainsi en substituant la valeur de m en φ, on aura

$$Z = -\frac{1}{b^2}\int \varphi\, d\varphi \sqrt{(c^2 - \sin^2\varphi)}.$$

Cette intégrale doit être prise depuis la valeur de φ qui donne $m = 0$, jusqu'à celle qui donne $m = $ tang γ : dans le premier cas on a $\varphi = \lambda$, et dans le second $\varphi = \theta$; et parce que λ est $> \theta$, il convient de mettre Z sous la forme

$$Z = \frac{1}{b^2}\int \varphi\, d\varphi \sqrt{(c^2 - \sin^2\varphi)}:$$

et l'intégrale devra être prise depuis $\varphi = \theta$, jusqu'à $\varphi = \lambda$.

De là résulte l'intégrale cherchée

$$T = \frac{\sin\mathcal{C}}{\sin^2\alpha \sin^2\gamma}\int \varphi\, d\varphi \sqrt{(\sin^2\lambda - \sin^2\varphi)}; \qquad \begin{cases}\varphi = \theta \\ \varphi = \lambda\end{cases}$$

c'est la première formule de la case XV. La seconde, qui donne la valeur de V, se démontrera d'une manière semblable.

(44). Pour démontrer les formules qui concernent les deux intégrales T', V', il faudra substituer au lieu de Ω sa valeur développée en série, laquelle est $\sin\omega + \frac{1}{3}\sin^3\omega + \frac{1}{5}\sin^5\omega +$ etc. Du reste, le calcul sera entièrement semblable à celui dont nous avons donné le détail dans l'article précédent.

(45). Si l'on fait $\sin\varphi = \sin\lambda \sin\psi$ et $\sin\lambda = c$, les valeurs trouvées pour $T + T'$ et $V + V'$ prendront cette forme

$$T + T' = \frac{\pi \sin\mathcal{C}\,\sin^2\lambda}{2\sin^2\alpha\,\sin^2\gamma}\int \frac{d\psi\cos^2\psi}{\sqrt{(1 - c^2\sin^2\psi)}},$$

$$V + V' = \frac{\pi}{2\sin\mathcal{C}}\int \frac{d\psi}{\sqrt{(1 - c^2\sin^2\psi)}},$$

où les intégrales doivent être prises depuis $\psi = \alpha$ jusqu'à $\psi = \frac{1}{2}\pi$.

On obtient ainsi pour les valeurs de ces intégrales, des expressions en fonctions elliptiques qui se transforment comme dans l'art. 10, et donnent les résultats consignés dans la table.

(46). Ces mêmes résultats peuvent être obtenus d'une manière plus directe. Considérons pour cet effet la double intégrale

$$Z = \iint \frac{dp\,dq \sin p\,(A + B \cos^2 p)}{\cos^2 p + \sin^2 p \left(\frac{\cos^2 q}{\cos^2 \alpha} + \cos^2 \gamma \sin^2 q \right)},$$

dans laquelle les variables ont pour limites 0 et $\frac{1}{2}\pi$.

Si on exécute les intégrations d'abord par rapport à q, ensuite par rapport à p, et qu'on fasse $c = \frac{\sin \gamma}{\sin \mathfrak{E}}$, on aura pour résultat

$$Z = B\left[-\frac{\pi \cos^2 \alpha}{2 \sin^2 \alpha} + \frac{\pi \cos \alpha \sin \mathfrak{E}}{2 \sin^2 \alpha \sin^2 \gamma} E(c, \mathfrak{E}) \right]$$
$$+ \frac{\pi \cos \alpha}{2 \sin \mathfrak{E} \sin^2 \gamma} [A \sin^2 \gamma - B \cos^2 \gamma] F(c, \mathfrak{E}).$$

(47). Faisons maintenant les intégrations dans un ordre inverse, et soit $\cos p = x$, nous aurons d'abord à intégrer la différentielle

$$dP = \frac{(A + Bx^2)\,dx}{x^2 + m^2(1 - x^2)},$$

où l'on a $m^2 = \frac{\cos^2 q}{\cos^2 \alpha} + \cos^2 \gamma \sin^2 q$. Il faut pour cela distinguer deux cas, selon que m est plus grand ou plus petit que l'unité. Or je remarque que depuis $\sin q = 0$ jusqu'à $\sin q = \frac{\sin \alpha}{\sin \mathfrak{E}}$, la valeur de m est plus grande que l'unité, et qu'on peut faire $m = \frac{1}{\cos \omega}$; mais depuis $\sin q = \frac{\sin \alpha}{\sin \mathfrak{E}}$ jusqu'à $\sin q = 1$, on a $m < 1$, et il faut faire $m = \cos \omega$.

Soit, 1°. $\quad m^2 = \frac{1}{\cos^2 \omega} = \frac{\cos^2 q}{\cos^2 \alpha} + \cos^2 \gamma \sin^2 q$, on aura

$$dP = \cos^2 \omega \cdot \frac{dx(A + Bx^2)}{1 - x^2 \sin^2 \omega}.$$

Intégrant depuis $x = 0$ jusqu'à $x = 1$, et appelant P' cette première partie de la valeur de P, on aura

$$P' = - B \cot^2\omega + (A \sin^2\omega + B)\,\Omega \cot^2\omega.$$

Il ne restera plus qu'à trouver la partie de l'intégrale Z, désignée semblablement par Z', dont la valeur est $\int P' dq$. On substituera pour cet effet la valeur de dq en fonction de ω, et on trouvera, d'après les dénominations de la table,

$$Z' = A \cos\alpha . V' + B \cos\alpha . T'.$$

Soit, 2°. $m = \cos^2\omega = \dfrac{\cos^2 q}{\cos^2\alpha} + \cos^2\gamma \sin^2 q$, on aura

$$dP = \frac{(A + Bx^2)\,dx}{\cos^2\omega + x^2 \sin^2\omega},$$

et l'intégrale de cette quantité, prise depuis $x = 0$ jusqu'à $x = 1$, donne pour la seconde partie de la valeur de P,

$$P'' = \frac{B}{\sin^2\omega} + (A - B \cot^2\omega)\,\frac{\omega}{\sin\omega \cos\alpha}.$$

De là résulte la seconde partie de la valeur de Z, $Z'' = \int P'' dq$, dans laquelle substituant la valeur de dq en fonction de ω, on trouve

$$Z'' = A \cos\alpha . V + B \cos\alpha . T :$$

donc enfin la valeur totale de Z est

$$Z = A \cos\alpha (V + V') + B \cos\alpha (T + T').$$

Comparant entre elles les deux valeurs de Z, on en tire les deux formules données dans la table pour exprimer les valeurs de $T + T'$ et $V + V'$.

(48). Le cas de $\gamma = \alpha$, où l'on a $\cos \mathcal{C} = \cos^2\alpha$, mérite d'être remarqué, parce qu'alors les quatre intégrales T, T', V, V', sont prises entre les mêmes limites $\omega = 0$, $\omega = \alpha$. Il conduit aux deux formules rapportées dans la table.

(49). Enfin, le cas de $\gamma = \frac{1}{2}\pi$, où l'on a $\mathcal{C} = \frac{1}{2}\pi$, $\lambda = \frac{1}{2}\pi$, $\theta = \frac{1}{2}\pi - \alpha$, donne ces valeurs très-simples de T et T',

T

$$T = \frac{1}{\sin^2\alpha}\int\varphi\,d\varphi\,\cos\varphi, \qquad T' = \frac{1}{\sin^2\alpha}\int(\tfrac{1}{2}\pi - \varphi)\,d\varphi\,\cos\varphi,$$

où les intégrales doivent être prises depuis $\varphi = \tfrac{1}{2}\pi - \alpha$ jusqu'à $\varphi = \tfrac{1}{2}\pi$. Or en général ou a

$$\int\varphi\,d\varphi\,\cos\varphi = \varphi\sin\varphi + \cos\varphi + \text{const.},$$
$$\int(\tfrac{1}{2}\pi - \varphi)\,d\varphi\,\cos\varphi = (\tfrac{1}{2}\pi - \varphi)\sin\varphi - \cos\varphi + \text{const.}$$

Donc entre les deux limites désignées, la première de ces intégrales $= \tfrac{1}{2}\pi(1 - \cos\alpha) + \alpha\cos\alpha - \sin\alpha$, et la seconde $= \sin\alpha - \alpha\cos\alpha$. De là résultent les deux formules

$$\int\frac{(1 - \omega\cot\omega)\,d\omega}{\sin\omega\sqrt{(1 - \cos^2\alpha\cos^2\omega)}} = \frac{\tfrac{1}{2}\pi}{1 + \cos\alpha} + \frac{\alpha\cot\alpha - 1}{\sin\alpha}, \qquad \begin{cases} \omega = 0 \\ \omega = \tfrac{1}{2}\pi \end{cases}$$

$$\int\frac{(\Omega - \sin\omega)\,d\omega\,\cos\omega}{\sin^2\omega\sqrt{(\sin^2\alpha - \sin^2\omega)}} = \frac{1 - \alpha\cot\alpha}{\sin\alpha}, \qquad \begin{cases} \omega = 0 \\ \omega = \alpha \end{cases}$$

où l'on doit remarquer que la première de ces intégrales est prise depuis $\omega = 0$ jusqu'à $\omega = \tfrac{1}{2}\pi$, et la seconde depuis $\omega = 0$ jusqu'à $\omega = \alpha$.

Ces deux résultats peuvent se vérifier par l'intégration directe. En effet, on a indéfiniment

$$\int\frac{(1 - \omega\cot\omega)\,d\omega}{\sin\omega\sqrt{(1 - \cos^2\alpha\cos^2\omega)}} = \frac{\omega\sqrt{(1 - \cos^2\alpha\cos^2\omega)}}{\sin^2\alpha\,\sin\omega}$$
$$+ \frac{\cos\alpha}{\sin^2\alpha}\arcsin(\cos\omega\cos\alpha) + C.$$

Prenant cette intégrale depuis $\omega = 0$ jusqu'à $\omega = \tfrac{1}{2}\pi$, elle se réduit à $\dfrac{\tfrac{1}{2}\pi}{1 + \cos\alpha} + \dfrac{\alpha\cot\alpha - 1}{\sin\alpha}$.

On a de même en général

$$\int\frac{(\Omega - \sin\omega)\,d\omega\,\cos\omega}{\sin^2\omega\sqrt{(\sin^2\alpha - \sin^2\omega)}} = -\frac{\Omega\sqrt{(\sin^2\alpha - \sin^2\omega)}}{\sin^2\alpha\,\sin\omega} + \frac{\cos\alpha}{\sin^2\alpha}\arccos\left(\frac{\cos\alpha}{\cos\omega}\right) + C.$$

Prenant cette intégrale depuis $\omega = 0$ jusqu'à $\omega = \alpha$, elle se réduit à $\dfrac{1 - \alpha\cot\alpha}{\sin\alpha}$, comme on le trouve à la fin de la case XV.

CASE XVI.

(50). Par les formules des cases I, II, IV, V et VI, on peut connaître en général la valeur de l'intégrale $\int \frac{d\omega}{\mathrm{MN}} \cos^m\omega \sin^n\omega$, quels que soient les nombres entiers m et n, positifs ou négatifs, pourvu que $m+n$ soit pair. Les formules de la case XVI donneront la valeur de cette intégrale lorsque $m+n$ sera impair.

Soit pour cet effet $\sin^2\omega = \sin^2\alpha \cos^2\varphi + \sin^2 6 \sin^2\varphi = \dots\dots$ $\sin^2 6\,(1 - c^2\sin^2\varphi)$, et $c^2 = 1 - \frac{\sin^2\alpha}{\sin^2 6}$, on aura en général

$$\int \frac{d\omega \cos\omega \sin^{2n}\omega}{\mathrm{MN}} = \sin^{2n-1} 6 \int \Delta^{2n-1} d\varphi.$$

Cette intégrale devra être prise depuis $\varphi = 0$ jusqu'à $\varphi = \tfrac{1}{2}\pi$; ainsi elle ne dépendra en général que des deux fonctions complètes $\mathrm{F}^1(c)$, $\mathrm{E}^1(c)$. Il en sera de même de l'intégrale générale

$$\int \frac{d\omega \cos\omega}{\mathrm{MN}\,\sin^{2n}\omega} = \frac{1}{\sin^{2n+1} 6} \int \frac{d\varphi}{\Delta^{2n+1}} = \frac{1}{\sin 6 \sin^{2n}\dots} \int \Delta^{2n-1} d\varphi,$$

et ainsi on a, quel que soit n,

$$\int \frac{d\omega \cos\omega}{\mathrm{MN}\,\sin^{2n}\omega} = \frac{1}{\sin^{2n}\alpha \sin^{2n} 6} \int \frac{d\omega \cos\omega \sin^{2n}\omega}{\mathrm{MN}}.$$

Par la même substitution, on trouve en général

$$\int \frac{d\omega}{\mathrm{MN}\,\cos^{2n-1}\omega} = \frac{1}{\sin 6 \cos^{2n} 6} \int \frac{d\varphi}{(1 + c^2 \mathrm{tang}^2 6 \sin^2\varphi)^n \Delta},$$

intégrale qui, étant réduite d'après la formule $\int \frac{d\varphi}{\mathrm{D}^m \Delta}$ de la case VI, pourra toujours s'exprimer par les trois fonctions complètes $\mathrm{F}^1(c)$, $\mathrm{E}^1(c)$, $\Pi^1(c^2 \mathrm{tang}^2 6,\ c)$; et cette dernière, comme on sait, peut être exprimée en fonctions de la première et de la deuxième espèce, par la formule du n° 96.

Les trois autres formules générales de la case XVI, se déduisent des trois précédentes par le seul changement de α en $\frac{\pi}{2} - 6$, et de 6 en $\tfrac{1}{2}\pi - \alpha$.

TABLE GÉNÉRALE DES FORMULES.

CASE I.

$$\text{Dénominations} \begin{cases} M = \sqrt{(\sin^2\omega - \sin^2\alpha)} \\ N = \sqrt{(\sin^2\varsigma - \sin^2\omega)} \\ k = \dfrac{\sin^2\varsigma - \sin^2\alpha}{\sin^2\varsigma} \end{cases}$$

$$\text{Limites des intégrales} \begin{cases} \omega = \alpha \\ \omega = \varsigma \end{cases}$$

$$\int \frac{d\omega \cos\omega \sin\omega}{MN} = \tfrac{1}{2}\pi,$$

$$\int \frac{d\omega \cos\omega \sin^3\omega}{MN} = \frac{\pi}{2}\left(\tfrac{1}{2}\sin^2\alpha + \tfrac{1}{2}\sin^2\varsigma\right),$$

$$\int \frac{d\omega \cos\omega \sin^5\omega}{MN} = \frac{\pi}{2}\left(\frac{1.3}{2.4}\sin^4\alpha + \tfrac{1}{2}\sin^2\alpha.\tfrac{1}{2}\sin^2\varsigma + \frac{1.3}{2.4}\sin^4\varsigma\right),$$

$$\vdots$$

et en général,

$$\int \frac{d\omega \cos\omega \sin^{2n+1}\omega}{MN} = \int d\phi\,(\sin^2\alpha \cos^2\phi + \sin^2\varsigma \sin^2\phi)^n, \qquad \text{Lim.} \begin{cases} \phi = 0 \\ \phi = \tfrac{1}{2}\pi \end{cases}$$

ou, en effectuant l'intégration,

$$\int \frac{d\omega \cos\omega \sin^{2n+1}\omega}{MN} = \frac{\pi}{2}\sin^{2n}\varsigma \left(1 - nk.\tfrac{1}{2} + \frac{n.n-1}{2}k^2.\frac{1.3}{2.4} - \text{etc.}\right).$$

$$\int \frac{d\omega \cos\omega}{MN \sin\omega} = \frac{\pi}{2\sin\alpha \sin\varsigma},$$

$$\int \frac{d\omega \cos\omega}{MN \sin^3\omega} = \frac{\pi}{2\sin^3\alpha \sin^3\varsigma}\left(\tfrac{1}{2}\sin^2\alpha + \tfrac{1}{2}\sin^2\varsigma\right),$$

et en général,

$$\int \frac{d\omega \cos\omega}{MN \sin^{2n+1}\omega} = \frac{1}{\sin^{2n+1}\alpha \sin^{2n+1}\varsigma} \int \frac{d\omega \cos\omega \sin^{2n+1}\omega}{MN}.$$

| CASE II. | Mêmes dénominations et limites que dans la case I. |

$$\text{De plus,} \quad h = \frac{\cos^2\alpha - \cos^2\beta}{\cos^2\alpha},$$

$$\int \frac{d\omega \sin\omega \cos\omega}{MN} = \tfrac{1}{2}\pi,$$

$$\int \frac{d\omega \sin\omega \cos^3\omega}{MN} = \frac{\pi}{2}\left(\tfrac{1}{2}\cos^2\beta + \tfrac{1}{2}\cos^2\alpha\right),$$

$$\int \frac{d\omega \sin\omega \cos^5\omega}{MN} = \frac{\pi}{2}\left(\frac{1.3}{2.4}\cos^4\beta + \tfrac{1}{2}\cos^2\beta . \tfrac{1}{2}\cos^2\alpha + \frac{1.3}{2.4}\cos^4\alpha\right),$$

et en général,

$$\int \frac{d\omega \sin\omega \cos^{2n+1}\omega}{MN} = \frac{\pi}{2}\cos^{2n}\alpha\left(1 - nh.\tfrac{1}{2} + \frac{n.n-1}{2}h^2.\frac{1.3}{2.4} - \text{etc.}\right).$$

$$\int \frac{d\omega \sin\omega}{MN \cos\omega} = \frac{\pi}{2\cos\beta \cos\alpha},$$

$$\int \frac{d\omega \sin\omega}{MN \cos^3\omega} = \frac{\pi}{2\cos^3\beta \cos^3\alpha}\left(\tfrac{1}{2}\cos^2\beta + \tfrac{1}{2}\cos^2\alpha\right),$$

et en général,

$$\int \frac{d\omega \sin\omega}{MN \cos^{2n+1}\omega} = \frac{1}{\cos^{2n+1}\beta \cos^{2n+1}\alpha}\int \frac{d\omega \sin\omega \cos^{2n+1}\omega}{MN}.$$

| CASE III. | Mêmes dénominations et limites que dans les cases I et II. |

$$A^{2n} = \int \frac{MN\, d\omega \cos\omega}{\sin^{2n+1}\omega},$$

$$A^0 = \frac{\pi}{4}(\sin\beta - \sin\alpha)^2,$$

$$A^2 = \frac{\pi(\sin\beta - \sin\alpha)^2}{4\sin\alpha \sin\beta},$$

$$A^4 = \frac{\pi(\sin^2\beta - \sin^2\alpha)^2}{16\sin^3\alpha \sin^3\beta},$$

$$A^6 = \frac{\pi \, (\sin^2\varepsilon - \sin^2\alpha)^2}{32\sin^5\alpha \sin^5\varepsilon} \, (\sin^2\alpha + \sin^2\varepsilon),$$

$$\vdots$$

et en général,

$$A^{2n} = \frac{\pi k^2 \sin\varepsilon}{4\sin^{2n-1}\alpha} \left(\frac{1}{4} - \frac{n-2}{1}\, k \cdot \frac{1.3}{4.6} + \frac{n-2.n-3}{1.2}\, k^2 \cdot \frac{1.3.5}{4.6.8} - \text{etc.} \right).$$

$$B^{2n} = \int \frac{MN d\omega \sin\omega}{\cos^{2n+1}\omega},$$

$$B^0 = \frac{\pi}{4} \, (\cos\alpha - \cos\varepsilon)^2,$$

$$B^2 = \frac{\pi \, (\cos\alpha - \cos\varepsilon)^2}{4\cos\alpha \cos\varepsilon},$$

$$B^4 = \frac{\pi \, (\cos^2\alpha - \cos^2\varepsilon)^2}{16\cos^3\alpha \cos^3\varepsilon}.$$

$$\vdots$$

et en général,

$$B^{2n} = \frac{\pi h^2 \cos\alpha}{4\cos^{2n-1}\varepsilon} \left(\frac{1}{4} - \frac{n-2}{1}\, h \cdot \frac{1.3}{4.6} + \frac{n-2.n-3}{1.2}\, h^2 \cdot \frac{1.3.5}{4.6.8} - \text{etc.} \right).$$

$$C^{2n} = \int MN d\omega \, \cos\omega \, \sin^{2n-3}\omega,$$

$$C^0 = \frac{\pi \, (\sin\varepsilon - \sin\alpha)^2}{4\sin\alpha \sin\varepsilon},$$

$$C^2 = \frac{\pi}{4} \, (\sin\varepsilon - \sin\alpha)^2,$$

$$C^4 = \frac{\pi}{16} \, (\sin^2\varepsilon - \sin^2\alpha)^2;$$

$$\vdots$$

$$C^{2n} = \sin^{2n-1}\alpha \, \sin^{2n-1}\varepsilon \cdot A^{2n}.$$

$$D^{2n} = \int \frac{MN d\omega}{\cos\omega \, \sin^{2n+1}\omega},$$

$$D^0 = \frac{\pi}{2} \, [1 - \cos(\varepsilon - \alpha)],$$

$$D^2 = \frac{\pi \sin^2(\beta - \alpha)}{4\sin\alpha\sin\beta},$$

$$D^4 = D^2 + A^4,$$

$$\cdot$$
$$\cdot$$
$$\cdot$$

$$D^{2n} = D^{2n-2} + A^{2n}.$$

$$K^{2n} = \int \frac{MN\,d\omega}{\sin\omega\,\cos^{2n+1}\omega},$$

$$K^0 = \frac{\pi}{2}\left[1 - \cos(\beta - \alpha)\right],$$

$$K^2 = \frac{\pi \sin^2(\beta - \alpha)}{4\cos\alpha\cos\beta},$$

$$\cdot$$
$$\cdot$$
$$\cdot$$

$$K^{2n} = K^{2n-2} + B^{2n}.$$

$$H^{2n} = \int \frac{MN\,d\omega\,\sin^{2n-1}\omega}{\cos\omega},$$

$$H^0 = \frac{\pi}{2}\left[1 - \cos(\beta - \alpha)\right],$$

$$H^2 = \frac{\pi}{2}(\cos\alpha - \cos\beta)^2,$$

$$H^4 = H^2 - C^4,$$

$$\cdot$$
$$\cdot$$
$$\cdot$$

$$H^{2n} = H^{2n-2} - C^{2n}.$$

CASE IV.	Dénom^s.

M et N comme dans la case I.
Limites des intégrales, *idem*.
γ angle auxiliaire tel que $\cos\gamma = \dfrac{\cos\beta}{\cos\alpha}$.

Module $c = \dfrac{\sin\gamma}{\sin\beta}$.

Son complément $b = \dfrac{\tan\alpha}{\tan\beta}$.

$\Delta = \sqrt{(1 - c^2\sin^2\varphi)}$.

$$\int \frac{d\omega}{MN} = \frac{1}{\cos\alpha\,\sin\varsigma}\, F^1(c),$$

$$\int \frac{d\omega}{MN\,\sin^2\omega} = \frac{1}{\cos\alpha\,\sin\varsigma}\, F^1(c) + \frac{\cos\alpha}{\sin^2\alpha\,\sin\varsigma}\, E^1(c),$$

$$\vdots$$

$$\int \frac{d\omega}{MN\,\sin^{2n}\omega} = \frac{1}{\cos\alpha\,\sin\varsigma}\int \frac{d\phi}{\Delta}\,(1 + \Delta^2\cot^2\alpha)^n \qquad \left\{ \begin{array}{l} \phi = 0 \\ \phi = \tfrac{1}{2}\pi. \end{array} \right.$$

Connaissant les deux premiers termes $\int \dfrac{d\phi}{\Delta} = F^1(c)$, $\int\Delta\,d\phi = E^1(c)$, on connaîtra en général l'intégrale $\int\Delta^{2n+1}d\phi$ par la formule

$$\int\Delta^{2n+1}d\phi = \frac{2n}{2n+1}\,(2-c^2)\int\Delta^{2n-1}d\phi - \left(\frac{2n-1}{2n+1}\right)b^2\int\Delta^{2n-3}d\phi.$$

CASE V.	Mêmes dénominations que dans la case IV.

$$\int \frac{d\omega}{MN} = \frac{1}{\cos\alpha\,\sin\varsigma}\, F^1(c),$$

$$\int \frac{d\omega}{MN\,\cos^2\omega} = \frac{1}{\cos\alpha\,\sin\varsigma}\, F^1(c) + \frac{\sin\varsigma}{\cos\alpha\,\cos^2\varsigma}\, E^1(c),$$

$$\vdots$$

$$\int \frac{d\omega}{MN\,\cos^{2n}\omega} = \frac{1}{\cos\alpha\,\sin\varsigma}\int \frac{d\phi}{\Delta}\,(1 + \Delta^2\tan^2\varsigma)^n \qquad \left\{ \begin{array}{l} \phi = 0 \\ \phi = \tfrac{1}{2}\pi. \end{array} \right.$$

Ces formules se développent comme celles de la case précédente, et on peut les exprimer toutes par les deux fonctions complètes $F^1(c)$, $E^1(c)$.

CASE VI.	Mêmes dénominations que dans la case IV.

$$\int \frac{d\omega}{MN} = \frac{1}{\cos\alpha\,\sin\varsigma}\, F^1(c),$$

$$\int \frac{d\omega\,\sin^2\omega}{MN} = \frac{\sin^2\alpha}{\cos\alpha\,\sin\varsigma}\, \Pi^1(-c^2\cos^2\alpha,\, c) = \frac{\sin\varsigma}{\cos\varsigma}\, F^1 + E^1 F(\varsigma) - F^1 E(\varsigma),$$

$$\int \frac{d\omega \sin^4\omega}{MN} = \frac{\sin^2\alpha}{2\cos\alpha \sin\mathfrak{G}} (1 + \sin^2\alpha + \sin^2\mathfrak{G}) \, \Pi' (- c^2 \cos^2\alpha, \, c)$$
$$- \frac{\sin\mathfrak{G} \sin^2\alpha}{2\cos\alpha} F^1(c) - \frac{\sin\mathfrak{G} \cos\alpha}{2} E^1(c) ,$$

$$\int \frac{d\omega \sin^{2m}\omega}{MN} = \frac{\sin^{2m}\alpha}{\cos\alpha \sin\mathfrak{G}} \int \frac{d\phi}{\Delta(1 - c^2 \cos^2\alpha \sin^2\phi)^m} \qquad \left\{ \begin{array}{l} \phi = 0 \\ \phi = \tfrac{1}{2}\pi. \end{array} \right.$$

Pour effectuer les réductions, soit $1 + n\sin^2\phi = D$, on aura en général la formule

$$(n+1)(n+c^2) \int \frac{d\phi}{\Delta D^m} = \frac{2m-3}{2m-2} \left[n^2 + 2n(1+c^2) + 3c^2 \right] \int \frac{d\phi}{\Delta D^{m-1}}$$
$$- \left(\frac{2m-4}{2m-2} \right) (n + nc^2 + 3c^2) \int \frac{d\phi}{\Delta D^{m-2}}$$
$$+ \frac{2m-5}{2m-2} c^2 \int \frac{d\phi}{\Delta D^{m-3}}.$$

Ainsi en partant des trois premiers termes connus,

$$\int \frac{D d\phi}{\Delta} = \left(1 + \frac{n}{c^2} \right) F^1(c) - \frac{n}{c^2} E^1(c) ,$$

$$\int \frac{d\phi}{\Delta} = F^1(c) ,$$

$$\int \frac{d\phi}{\Delta D} = \Pi^1 (n, \, c) ,$$

on déterminera généralement l'intégrale $\int \frac{d\phi}{\Delta D^m}$ prise entre les limites $\phi = 0$; $\phi = \tfrac{1}{2}\pi$.

COROLLAIRES.

$$\int \frac{M}{N} \, d\omega = \frac{\sin^2\alpha}{\cos\alpha \sin\mathfrak{G}} \Pi^1 (- c^2 \cos^2\alpha, \, c) - \frac{\sin^2\alpha}{\cos\alpha \sin\mathfrak{G}} F^1(c) ,$$

$$\int \frac{N}{M} \, d\omega = F^1(c) \, E(c, \, \mathfrak{G}) - E^1(c) \, F(c, \, \mathfrak{G}) ,$$

$$\int \frac{d\omega \sin\omega}{\sqrt{(\sin^2\mathfrak{G} - \sin^2\omega)}} = \tfrac{1}{2} \mathcal{L}\left(\frac{1 + \sin\mathfrak{G}}{1 - \sin\mathfrak{G}} \right) , \qquad \left\{ \begin{array}{l} \omega = 0 \\ \omega = \mathfrak{G} \end{array} \right.$$

$$\int \frac{d\omega \sin^3\omega}{\sqrt{(\sin^2\mathfrak{G} - \sin^2\omega)}} = \frac{1 + \sin^2\mathfrak{G}}{4} \mathcal{L}\left(\frac{1 + \sin\mathfrak{G}}{1 - \sin\mathfrak{G}} \right) - \tfrac{1}{2} \sin\mathfrak{G}.$$

Les deux dernières se vérifient par l'intégration directe, en faisant........

$$\cos\alpha = \frac{\cos\mathfrak{G}}{\cos\phi}.$$

CASE

| CASE VII. | Mêmes dénominations que dans la case IV. |

$$\int \frac{\omega d\omega}{\mathrm{MN}} = \frac{\pi}{2\cos\alpha\,\sin\beta}\, F(c,\,\beta),$$

$$\int \frac{\omega d\omega}{\mathrm{MN}\sin^2\omega} = \frac{\pi(\sin\alpha - \sin\beta)}{2\sin^2\alpha\sin\beta} + \frac{\pi}{2\cos\alpha\sin\beta}\, F(c,\,\beta) + \frac{\pi\cos\alpha}{2\sin^2\alpha\sin\beta}\, E(c,\,\beta),$$

$$\int \frac{\omega d\omega}{\mathrm{MN}\sin^4\omega} = -\frac{\pi(\sin\beta - \sin\alpha)^2}{12\sin^3\alpha\sin^3\beta} + \frac{2}{3}\cdot\frac{\sin^2\alpha + \sin^2\beta + \sin^2\alpha\sin^2\beta}{\sin^2\alpha\sin^2\beta}\int\frac{\omega d\omega}{\mathrm{MN}\sin^2\omega}$$
$$- \frac{1}{3}\cdot\frac{1 + \sin^2\alpha + \sin^2\beta}{\sin^2\alpha\sin^2\beta}\int\frac{\omega d\omega}{\mathrm{MN}}.$$

En général, si on désigne par Z^{2n} l'intégrale $\int\dfrac{\omega d\omega}{\mathrm{MN}\sin^{2n}\omega}$, on aura cette formule de réduction,

$$(2n+1)\sin^2\alpha\sin^2\beta\, Z^{2n+2} = 2n(\sin^2\alpha + \sin^2\beta + \sin^2\alpha\sin^2\beta)\, Z^{2n}$$
$$- (2n-1)(1 + \sin^2\alpha + \sin^2\beta)\, Z^{2n-2}$$
$$+ (2n-2)\, Z^{2n-4} - A^{2n},$$

A^{2n} étant l'intégrale $\int \dfrac{\mathrm{MN}\,d\omega\cos\omega}{\sin^{2n+1}\omega}$, dont la valeur est donnée dans la case III.

COROLLAIRES.

$$\int \frac{(1 - \omega\cot\omega)d\omega\cos\omega}{\sin^2\omega\sqrt{(\sin^2\beta - \sin^2\omega)}} = \frac{\pi}{4\sin^3\beta} - \frac{\pi\cos^2\beta}{8\sin^3\beta}\,\mathcal{L}\left(\frac{1 + \sin\beta}{1 - \sin\beta}\right), \qquad \begin{cases} \omega = 0 \\ \omega = \beta \end{cases}$$

$$\int (1 - \omega\cot\omega)\frac{d\omega}{\sin^2\omega} = \frac{\pi}{4}, \qquad \begin{cases} \omega = 0 \\ \omega = \tfrac{1}{2}\pi \end{cases}$$

$$\int \frac{\omega d\omega\cos\omega}{\sin^2\omega\sqrt{(\sin^2\omega - \sin^2\alpha)}} = \frac{\pi}{2\sin\alpha}\,(1 - \operatorname{tang}\tfrac{1}{2}\alpha). \qquad \begin{cases} \omega = \alpha \\ \omega = \tfrac{1}{2}\pi \end{cases}$$

| CASE VIII. | Mêmes dénominations que dans la case IV. |

$$\int \frac{\omega d\omega}{\mathrm{MN}} = \frac{\pi}{2\cos\alpha\,\sin\beta}\, F(c,\,\beta),$$

$$\int \frac{\omega d\omega}{\mathrm{MN}\cos^2\omega} = \frac{\pi(\cos\beta - \cos\alpha)}{2\cos^2\alpha\cos\beta} + \frac{\pi}{2\cos\alpha\sin\beta}\, F(c,\,\beta) + \frac{\pi\sin\beta}{2\cos\alpha\cos^2\beta}\, E(c,\,\beta),$$

$$\int \frac{\omega d\omega}{\mathrm{MN}\cos^4\omega} = \frac{\pi(\cos\alpha - \cos\beta)^2}{12\cos^3\alpha\cos^3\beta} + \frac{2}{3}\cdot\frac{\cos^2\alpha + \cos^2\beta + \cos^2\alpha\cos^2\beta}{\cos^2\alpha\cos^2\beta}\int\frac{\omega d\omega}{\mathrm{MN}\cos^2\omega}$$
$$- \frac{1}{3}\cdot\frac{1 + \cos^2\alpha + \cos^2\beta}{\cos^2\alpha\cos^2\beta}\int\frac{\omega d\omega}{\mathrm{MN}}.$$

En général, si on désigne par U^{2n} l'intégrale $\displaystyle\int \frac{\omega d\omega}{MN \cos^{2n}\omega}$, on aura cette formule de réduction :

$$(2n+1)\cos^2\alpha\cos^2\varsigma . U^{2n+2} = 2n(\cos^2\alpha + \cos^2\varsigma + \cos^2\alpha\cos^2\varsigma)\, U^{2n}$$
$$- (2n-1)(1 + \cos^2\alpha + \cos^2\varsigma)\, U^{2n-2}$$
$$+ (2n-2)\, U^{2n-4} + B^{2n},$$

B^{2n} étant l'intégrale $\displaystyle\int \frac{MN d\omega \sin\omega}{\cos^{2n+1}\omega}$, dont la valeur est donnée dans la case III.

COROLLAIRES.

$$\int \frac{\omega d\omega}{\sin\omega \sqrt{(\sin^2\varsigma - \sin^2\omega)}} = \frac{\pi}{4\sin\varsigma}\, \mathcal{L}\left(\frac{1+\sin\varsigma}{1-\sin\varsigma}\right)$$
$$\int \frac{\omega d\omega \sin\omega}{\cos^2\omega \sqrt{(\sin^2\varsigma - \sin^2\omega)}} = \frac{\pi(1-\cos\varsigma)}{2\cos^2\varsigma} \qquad \left\{ \begin{array}{l} \omega = 0 \\ \omega = \varsigma \end{array}\right.$$

<table><tr><td>CASE IX.</td><td>Mêmes dénominations que dans la case IV.</td></tr></table>

$$\int \frac{\omega d\omega}{MN} = \frac{\pi}{2\cos\alpha\sin\varsigma}\, F(c, \varsigma),$$

$$\int \frac{\omega d\omega \sin^2\omega}{MN} = \frac{\pi}{2\cos\alpha\sin\varsigma}\, F(c, \varsigma) - \frac{\pi\cos^2\varsigma}{2\cos\alpha\sin\varsigma}\, \Pi(-\sin^2\gamma, c, \varsigma)$$
$$- \frac{\pi}{4}\, \mathcal{L}(1 + \sin^2\varsigma - \sin^2\alpha),$$

$$\int \frac{\omega d\omega \sin^4\omega}{MN} = \frac{\pi}{8}(\sin^2\varsigma - \sin^2\alpha) + \frac{\pi}{4}\cdot\frac{2 - \cos^2\alpha\cos^2\varsigma}{\cos\alpha\sin\varsigma}\, F(c,\varsigma) - \frac{\pi}{4}\cos\alpha\sin\varsigma\, E(c, \varsigma)$$
$$- \frac{\pi\cos^2\varsigma}{4\cos\alpha\sin\varsigma}(1 + \sin^2\varsigma + \sin^2\alpha)\, \Pi(-\sin^2\gamma, c, \varsigma)$$
$$- \frac{\pi}{8}(1 + \sin^2\varsigma + \sin^2\alpha)\, \mathcal{L}(1 + \sin^2\varsigma - \sin^2\alpha).$$

En général soit $V^{2n} = \displaystyle\int \frac{\omega d\omega \sin^{2n}\omega}{MN}$, on aura la formule de réduction :

$$2n V^{2n+2} = (2n-1)(1 + \sin^2\alpha + \sin^2\varsigma)V^{2n} - (2n-2)(\sin^2\alpha + \sin^2\varsigma + \sin^2\alpha\sin^2\varsigma)V^{2n-2}$$
$$+ (2n-3)\sin^2\alpha \sin^2\varsigma\, V^{2n-4} - C^{2n},$$

C^{2n} étant l'intégrale $\int MN d\omega \cos\omega \sin^{2n-3}\omega$, dont la valeur est donnée dans la case III.

Nota. La fonction $\Pi(-\sin^2\gamma, c, \varsigma)$ et la fonction $\Pi(-c^2\cos^2\alpha, c, \varsigma)$, qui entre pour sa valeur complète dans les formules de la case VI, ont entre elles la relation suivante, tirée de la formule de l'article 52,

$$\sin^2\alpha\, \Pi\,(-c^2\cos^2\alpha,\ c,\ \varsigma) + \cos^2\varsigma\, \Pi\,(-\sin^2\gamma,\ c,\ \varsigma)$$
$$= \frac{\sin^2\gamma}{\sin^2\varsigma}\, F(c,\ \varsigma) - \frac{\sin^2\gamma\cos\alpha}{2\sin\varsigma}\, \mathcal{L}\!\left(\frac{1+\sin^2\varsigma-\sin^2\alpha}{1-\sin^2\varsigma+\sin^2\alpha}\right).$$

COROLLAIRES.

$$\int\frac{N}{M}\,\omega d\omega = \frac{\pi}{4}\,\mathcal{L}\,(1+\sin^2\varsigma-\sin^2\alpha) + \frac{\pi\cos^2\varsigma}{2\cos\alpha\sin\varsigma}\,\Pi\,(-\sin^2\gamma,\ c,\ \varsigma)$$
$$-\frac{\pi\cos^2\varsigma}{2\cos\alpha\sin\varsigma}\,F(c,\ \varsigma),$$

$$\int\frac{M}{N}\,\omega d\omega = -\frac{\pi}{4}\,\mathcal{L}\,(1+\sin^2\varsigma-\sin^2\alpha) - \frac{\pi\cos^2\varsigma}{2\cos\alpha\sin\varsigma}\,\Pi\,(-\sin^2\gamma,\ c,\ \varsigma)$$
$$+\frac{\pi\cos\alpha}{2\sin\varsigma}\,F(c,\ \varsigma),$$

$$\int\frac{\omega d\omega\sin\omega}{\sqrt{(\sin^2\varsigma-\sin^2\omega)}} = \frac{\pi}{2}\,\mathcal{L}\!\left(\frac{1}{\cos\varsigma}\right), \qquad \left\{\begin{array}{l}\omega=0\\\omega=\varsigma\end{array}\right.$$

$$\int\frac{\omega d\omega}{\sin\omega}\sqrt{(\sin^2\varsigma-\sin^2\omega)} = \frac{\pi}{4}\,(1+\sin\varsigma)\,\mathcal{L}\,(1+\sin\varsigma) + \frac{\pi}{4}\,(1-\sin\varsigma)\,\mathcal{L}\,(1-\sin\varsigma),$$

$$\int\omega d\omega\sin\omega\sqrt{(\sin^2\varsigma-\sin^2\omega)} = \frac{\pi}{8}\sin^2\varsigma - \frac{\pi}{4}\cos^2\varsigma\,\mathcal{L}\!\left(\frac{1}{\cos\varsigma}\right),$$

$$\int\frac{\omega d\omega\sin^3\omega}{\sqrt{(\sin^2\varsigma-\sin^2\omega)}} = \frac{\pi}{4}\,(1+\sin^2\varsigma)\,\mathcal{L}\frac{1}{\cos\varsigma} - \frac{\pi}{8}\sin^2\varsigma,$$

$$\int\frac{\omega d\omega\cos\omega}{\sqrt{(\sin^2\omega-\sin^2\alpha)}} = \tfrac{1}{2}\,\pi\,\mathcal{L}\,(1+\cos\alpha), \qquad \left\{\begin{array}{l}\omega=\alpha\\\omega=\tfrac{1}{2}\pi\end{array}\right.$$

$$\int\frac{\omega d\omega\cos\omega}{\sin\omega} = \tfrac{1}{2}\,\pi\,\mathcal{L}\,2. \qquad \left\{\begin{array}{l}\omega=0\\\omega=\tfrac{1}{2}\pi\end{array}\right.$$

CASE X.	

Dénominations. $\left\{\begin{array}{l} M \text{ et } N \text{ comme ci-dessus,}\\[4pt] \Omega = \displaystyle\int\frac{d\omega}{\cos\omega} = \tfrac{1}{2}\,\mathcal{L}\!\left(\dfrac{1+\sin\omega}{1-\sin\omega}\right),\\[8pt] \text{module } c = \dfrac{\sin\alpha}{\sin\varsigma}. \end{array}\right.$

Limites des intégr. $\omega=\alpha,\quad \omega=\varsigma.$

$$\int\frac{\Omega d\omega\cos\omega}{MN} = \frac{\pi}{2\sin\varsigma}\,F(c,\ \varsigma),$$

$$\int\frac{\Omega d\omega\cos\omega}{MN\sin^2\omega} = \frac{\pi}{2\sin\alpha\sin\varsigma} + \frac{\pi}{2\sin^2\alpha\sin\varsigma}\,F(c,\ \varsigma) - \frac{\pi}{2\sin^2\alpha\sin\varsigma}\,E(c,\ \varsigma),$$

$$\int \frac{\Omega d\omega \cos \omega}{MN \sin^4 \omega} = \frac{2}{3} \cdot \frac{\sin^2 \alpha + \sin^2 \gamma}{\sin^2 \alpha \sin^2 \gamma} \int \frac{\Omega d\omega \cos \omega}{MN \sin^2 \omega} - \frac{1}{3\sin^2 \alpha \sin^2 \gamma} \int \frac{\Omega d\omega \cos \omega}{MN}$$
$$- \frac{\pi \sin^2(\gamma - \alpha)}{12\sin^3 \alpha \sin^3 \gamma}.$$

En général, soit $P^{2n} = \int \dfrac{\Omega d\omega \cos \omega}{MN \sin^{2n} \omega}$, on aura cette formule de réduction :

$$(2n + 1)\sin^2 \alpha \sin^2 \gamma \cdot P^{2n+2} = 2n(\sin^2 \alpha + \sin^2 \gamma)P^{2n} - (2n - 1)P^{2n-2} - D^{2n},$$

D^{2n} étant l'intégrale $\displaystyle\int \dfrac{MN d\omega}{\cos \omega \sin^{2n+1} \omega}$, dont la valeur est donnée dans la case III.

COROLLAIRES.

$$\int \frac{\Omega d\omega \cos \omega}{\sin^2 \omega} \cdot \frac{N}{M} = \frac{\pi \sin \gamma}{2 \sin \alpha} + \frac{\pi(\sin^2 \gamma - \sin^2 \alpha)}{2\sin^2 \alpha \sin \gamma} F(c, \gamma) - \frac{\pi \sin \gamma}{2 \sin^2 \alpha} E(c, \gamma),$$

$$\int \frac{\Omega d\omega \cos \omega}{\sin^2 \omega} \cdot \frac{M}{N} = - \frac{\pi \sin \alpha}{2\sin \gamma} + \frac{\pi}{2\sin \gamma} E(c, \gamma),$$

$$\int \frac{\Omega d\omega}{\sqrt{(\sin^2 \omega - \sin^2 \alpha)}} = \frac{\pi}{2} F^1(\sin \alpha), \qquad\qquad \left\{ \begin{array}{l} \omega = \alpha \\ \omega = \tfrac{1}{2}\pi \end{array} \right.$$

$$\int \frac{\Omega d\omega}{\sin^2 \omega} \sqrt{(\sin^2 \omega - \sin^2 \alpha)} = - \frac{\pi}{2} \sin \alpha + \frac{\pi}{2} E^1(\sin \alpha),$$

$$\int \frac{\Omega d\omega \cos \omega}{\sin \omega \sqrt{(\sin^2 \gamma - \sin^2 \omega)}} = \frac{\pi}{2} \cdot \frac{\gamma}{\sin \gamma}; \qquad\qquad \left\{ \begin{array}{l} \omega = 0 \\ \omega = \gamma \end{array} \right.$$

$$\int \frac{(\Omega - \sin \omega) d\omega \cos \omega}{\sin^3 \omega \sqrt{(\sin^2 \gamma - \sin^2 \omega)}} = \frac{\pi}{4 \sin^3 \gamma} (\gamma - \sin \gamma \cos \gamma),$$

$$\int \frac{\Omega d\omega}{\sin \omega} = \frac{\pi^2}{4}, \qquad\qquad \left\{ \begin{array}{l} \omega = 0 \\ \omega = \tfrac{1}{2}\pi \end{array} \right.$$

$$\int \left(\frac{\Omega}{\sin \omega} - 1 \right) \frac{d\omega}{\sin^2 \omega} = \frac{\pi^2}{8}.$$

| CASE XI. | Mêmes dénominations que dans la case précédente. |

$$\int \frac{\Omega d\omega \cos \omega}{MN} = \frac{\pi}{2 \sin \gamma} F(c, \gamma),$$

$$\int \frac{\Omega d\omega \cos \omega \sin^2 \omega}{MN} = \frac{\pi}{2} (1 - \cos \alpha \cos \gamma) + \frac{\pi}{2} \sin \gamma F(c, \gamma) - \frac{\pi}{2} \sin \gamma E(c, \gamma),$$

$$\int \frac{\Omega d\omega \cos \omega \sin^4 \omega}{MN} = \frac{\pi}{12} (\cos \alpha - \cos \gamma)^2 + \frac{2}{3} (\sin^2 \alpha + \sin^2 \gamma) \int \frac{\Omega d\omega \cos \omega \sin^2 \omega}{MN}$$
$$- \frac{1}{3} \sin^2 \alpha \sin^2 \gamma \int \frac{\Omega d\omega \cos \omega}{MN}.$$

En général, si on désigne par Q^{2n} l'intégrale $\int \dfrac{\Omega d\omega \cos\omega \sin^{2n}\omega}{MN}$, on aura cette formule de réduction :

$$(2n+1)Q^{2n+2} = 2n(\sin^2\alpha + \sin^2\theta)Q^{2n} - (2n-1)\sin^2\alpha\,\sin^2\theta\,Q^{2n-2} + H^{2n},$$

H^{2n} étant l'intégrale $\int \dfrac{MN d\omega \sin^{2n-1}\omega}{\cos\omega}$, dont la valeur est donnée dans la case III.

COROLLAIRES.

$$\int \Omega d\omega \cos\omega \cdot \frac{N}{M} = -\frac{\pi}{2}(1-\cos\alpha\cos\theta) + \frac{\pi}{2}\sin\theta\,E(c,\theta),$$

$$\int \Omega d\omega \cos\omega \cdot \frac{M}{N} = \frac{\pi}{2}(1-\cos\alpha\cos\theta) + \frac{\pi(\sin^2\theta - \sin^2\alpha)}{2\sin\theta}F(c,\theta) - \frac{\pi}{2}\sin\theta\,E(c,\theta),$$

$$\int \frac{\Omega d\omega \sin\omega\cos\omega}{\sqrt{(\sin^2\theta - \sin^2\omega)}} = \frac{\pi}{2}(1-\cos\theta), \qquad\qquad \left\{ \begin{array}{l} \omega = 0 \\ \omega = \theta \end{array}\right.$$

$$\int \frac{\Omega d\omega \cos^2\omega}{\sqrt{(\sin^2\omega - \sin^2\alpha)}} = -\frac{\pi}{2} + \frac{\pi}{2}E^1(\sin\alpha),$$

$$\int \Omega d\omega \sqrt{(\sin^2\omega - \sin^2\alpha)} = \frac{\pi}{2} + \frac{\pi}{2}\cos^2\alpha\,F^1(\sin\alpha) - \frac{\pi}{2}E^1(\sin\alpha), \qquad \left\{ \begin{array}{l} \omega = \alpha \\ \omega = \tfrac{1}{2}\pi \end{array}\right.$$

$$\int \frac{\Omega d\omega}{\sqrt{(\sin^2\omega - \sin^2\alpha)}}\left(\sin^2\omega - \frac{\sin^2\alpha}{\sin^2\omega}\right) = \frac{\pi}{2}(1-\sin\alpha).$$

CASE XII.	Mêmes dénominations que dans la case X.

$$\int \frac{\Omega d\omega \cos\omega}{MN} = \frac{\pi}{2\sin\theta}F(c,\theta),$$

$$\int \frac{\Omega d\omega}{MN\cos\omega} = \frac{\pi}{2\sin\theta}\Pi(-\sin^2\alpha, c, \theta) + \frac{\pi}{4\cos\alpha\cos\theta}\mathcal{L}(1+\mathrm{tang}^2\theta+\mathrm{tang}^2\alpha),$$

$$\int \frac{\Omega d\omega}{MN\cos^3\omega} = \frac{\pi(\sin^2\alpha\cos^2\theta + \sin^2\theta\cos^2\alpha)}{8\cos^3\alpha\cos^3\theta} + \frac{\cos^2\alpha + \cos^2\theta + \cos^2\alpha\cos^2\theta}{2\cos^2\alpha\cos^2\theta}\int \frac{\Omega d\omega}{MN\cos\omega}$$
$$\qquad - \frac{\pi}{4\sin\theta\cos^2\alpha}F(c,\theta) - \frac{\pi\sin\theta}{4\cos^2\alpha\cos^2\theta}E(c,\theta).$$

En général, si on désigne par T^{2n+1} l'intégrale $\int \dfrac{\Omega d\omega}{MN\cos^{2n+1}\omega}$, on aura cette formule de réduction :

$$2n\cos^2\alpha\cos^2\theta\,T^{2n+1} = (2n-1)(\cos^2\alpha + \cos^2\theta + \cos^2\alpha\cos^2\theta)T^{2n-1}$$
$$\qquad - (2n-2)(1+\cos^2\alpha+\cos^2\theta)T^{2n-3} + (2n-3)T^{2n-5} + B^{2n},$$

B^{2n} étant l'intégrale $\int \dfrac{MN d\omega \sin\omega}{\cos^{n+1}\omega}$, dont la valeur est donnée dans la case III.

COROLLAIRES.

$$\int \frac{\Omega d\omega \sin\omega}{\cos\omega \, \sqrt{(\sin^2\varsigma - \sin^2\omega)}} = \frac{\pi}{2\cos\varsigma}\,\mathcal{L}\left(\frac{1}{\cos\varsigma}\right). \qquad \left\{ \begin{array}{l} \omega = 0 \\ \omega = \varsigma \end{array}\right.$$

$$\int \frac{\Omega d\omega \sin^3\omega}{\cos^3\omega \, \sqrt{(\sin^2\varsigma - \sin^2\omega)}} = \frac{\pi\sin^2\varsigma}{8\cos^3\varsigma} + \frac{\pi}{4\cos^3\varsigma}\,\mathcal{L}\left(\frac{1}{\cos\varsigma}\right).$$

CASE XIII.

Dénom. $\left\{ \begin{array}{l} P = \sqrt{(\cos^2\omega - \cos^2\gamma)}, \\ Q = \sqrt{(1 - \cos^2\alpha \cos^2\omega)}, \end{array}\right.$

Angles auxiliaires. $\left\{ \begin{array}{l} \varsigma \ldots \cos\varsigma = \cos\alpha \cos\gamma, \\[4pt] \theta \ldots \tan\theta = \sin\gamma \cot\alpha, \quad \cos\theta = \dfrac{\sin\alpha}{\sin\varsigma}, \quad \sin\theta = \dfrac{\tan\gamma}{\tan\varsigma}, \\[8pt] \lambda \ldots \tan\lambda = \dfrac{\tan\gamma}{\sin\alpha}, \quad \sin\lambda = \dfrac{\sin\gamma}{\sin\varsigma}, \quad \cos\lambda = \dfrac{\tan\alpha}{\tan\varsigma}. \end{array}\right.$

Limites des intégrales… $\omega = 0, \quad \omega = \gamma.$

$$\int \frac{d\omega \sin\omega \cos\omega}{PQ} = \frac{\theta}{\cos\alpha},$$

$$\int \frac{d\omega \sin\omega \cos^3\omega}{PQ} = \left(\frac{1 + \cos^2\varsigma}{2\cos^3\alpha}\right)\theta - \frac{\sin\alpha\sin\gamma}{2\cos^2\alpha},$$

et en général,

$$\int \frac{d\omega \sin\omega \cos^{2n+1}\omega}{PQ} = \frac{1}{\cos^{2n+1}\alpha}\int d\psi\,(1 - \sin^2\varsigma \cos^2\psi)^n. \qquad \left\{ \begin{array}{l} \psi = 0 \\ \psi = \theta \end{array}\right.$$

Toutes ces intégrales s'expriment au moyen de l'angle θ; toutes les suivantes s'expriment au moyen de l'angle λ.

$$\int \frac{d\omega \sin\omega}{PQ \cos\omega} = \frac{\lambda}{\cos\gamma},$$

$$\int \frac{d\omega \sin\omega}{PQ \cos^3\omega} = \left(\frac{1 + \cos^2\varsigma}{2\cos^3\gamma}\right)\lambda + \frac{\sin\alpha\sin\gamma}{2\cos^2\gamma},$$

et en général,

$$\int \frac{d\omega \sin\omega}{PQ \cos^{2n+1}\omega} = \frac{1}{\cos^{2n+1}\gamma}\int d\varphi\,(1 - \sin^2\varsigma \sin^2\varphi)^n. \qquad \left\{ \begin{array}{l} \varphi = 0 \\ \varphi = \lambda \end{array}\right.$$

De cette dernière formule on déduit les deux suivantes, en faisant $c = \sin\varsigma$ et $\sqrt{(1 - c^2\sin^2\varphi)} = \Delta$:

$$\int \frac{d\omega \sin \omega}{PQ \cos^{4n}\omega} = \frac{1}{\cos^{2n}\gamma} \int \Delta^{2n-1} d\varphi, \qquad \left\{ \begin{array}{l} \varphi = 0 \\ \varphi = \lambda \end{array} \right.$$

$$\int \frac{d\omega \sin \omega \cos^{2n}\omega}{PQ} = \cos^{2n}\gamma \int \frac{d\varphi}{\Delta^{2n+1}}.$$

COROLLAIRES.

$$\int \frac{d\omega}{\cos^{2n}\omega \sqrt{(\sin^2\varsigma - \sin^2\omega)}} = \frac{1}{\cos^{2n}\varsigma} \int \Delta^{2n-1} d\varphi, \qquad \left\{ \begin{array}{l} \omega = 0, \\ \omega = \varsigma, \end{array} \right. \left\{ \begin{array}{l} \varphi = 0 \\ \varphi = \tfrac{1}{2}\pi \end{array} \right.$$

$$\int \frac{d\omega \cos^{2n}\omega}{\sqrt{(\sin^2\varsigma - \sin^2\omega)}} = \cos^{2n}\varsigma \int \frac{d\varphi}{\Delta^{2n+1}} = \int \Delta^{2n-1} d\varphi,$$

$$\int \frac{d\omega \sin \omega}{PQ} = F(c, \lambda), \qquad \left\{ \begin{array}{l} \omega = 0 \\ \omega = \gamma \end{array} \right.$$

$$\int \frac{d\omega \sin\omega}{PQ \cos^2\omega} = \frac{1}{\cos^2\gamma} E(c, \lambda),$$

$$\int \frac{d\omega \sin \omega \cos^2\omega}{PQ} = \frac{1}{\cos^2\alpha} E(c, \lambda) - \frac{\sin \alpha \sin \gamma}{\cos^2\alpha},$$

$$\int \frac{d\omega}{\sqrt{(\sin^2\gamma - \sin^2\omega)}} = F^1(\sin \gamma),$$

$$\int \frac{d\omega}{\cos^2\omega \sqrt{(\sin^2\gamma - \sin^2\omega)}} = \frac{1}{\cos^2\gamma} E^1(\sin \gamma),$$

$$\int \frac{d\omega \cos^2\omega}{\sqrt{(\sin^2\gamma - \sin^2\omega)}} = E^1(\sin \gamma).$$

CASE XIV.	Dénominat. et limites comme dans la case précédente.

$$\text{Module } c = \frac{\sin \gamma}{\sin \varsigma}.$$

$$\int \frac{d\omega}{PQ} = \frac{1}{\sin \varsigma} F^1(c),$$

$$\int \frac{d\omega}{PQ \cos^2\omega} = \frac{\cos^2\alpha}{\sin \varsigma} F^1(c) + \frac{\sin \varsigma}{\cos^2\gamma} E^1(c),$$

et en général,

$$\int \frac{d\omega}{PQ \cos^{2n}\omega} = \frac{1}{\sin \varsigma \cos^{2n}\gamma} \int \frac{d\varphi}{\Delta} (\cos^2\varsigma + \Delta^2 \sin^2\varsigma)^n, \qquad \left\{ \begin{array}{l} \varphi = 0 \\ \varphi = \tfrac{1}{2}\pi \end{array} \right.$$

intégrale qui pourra toujours s'exprimer au moyen des deux fonctions complètes $F^1(c)$, $E^1(c)$.

De la même formule on tire

$$\int \frac{d\omega \cos^2\omega}{PQ} = \frac{\cos^2\gamma}{\sin \mathfrak{C}}\, \Pi^1(-\sin^2\gamma, c),$$

et en général,

$$\int \frac{d\omega \cos^{2n}\omega}{PQ} = \frac{\cos^{2n}\gamma}{\sin \mathfrak{C}} \int \frac{d\varphi}{\Delta(1-\sin^2\gamma\sin^2\varphi)^n}, \qquad \begin{cases} \varphi = 0 \\ \varphi = \tfrac{1}{2}\pi \end{cases}$$

intégrale qu'il sera toujours possible d'exprimer au moyen des trois fonctions complètes $F^1(c)$, $E^1(c)$, $\Pi^1(-\sin^2\gamma, c)$. D'ailleurs puisque $\sin^2\gamma = c^2\sin^2\mathfrak{C}$, la troisième fonction se réduit aux fonctions de la première et de la deuxième espèce, par la formule du n° 105, qui donne

$$\Pi^1(-\sin^2\gamma, c) = F^1(c) + \frac{\tan g\, \mathfrak{C}}{\cos \gamma}\big[F^1(c)E(c, \mathfrak{C}) - E^1(c)F(c, \mathfrak{C})\big].$$

CASE XV.   Mêmes dénominations que dans la case XIII.

Intégrales T et V prises entre les limites $\omega = 0$, $\omega = \gamma$.

$$T = \int \frac{(1 - \omega \cot\omega)\, d\omega \cot \omega}{\sqrt{(\sin^2\gamma - \sin^2\omega)} \cdot \sqrt{(1 - \cos^2\alpha \cos^2\omega)}},$$

$$V = \int \frac{\omega d\omega}{\sqrt{(\sin^2\gamma - \sin^2\omega)} \cdot \sqrt{(1 - \cos^2\alpha \cos^2\omega)}}.$$

Intégrales T' et V' prises entre les limites $\omega = 0$, $\omega = \alpha$.

$$T' = \int \frac{(\Omega - \sin \omega)d\omega \cos \omega}{\sin^2\omega \sqrt{(\sin^2\alpha - \sin^2\omega)} \cdot \sqrt{(1 - \cos^2\gamma \cos^2\omega)}},$$

$$V' = \int \frac{\Omega d\omega \cos \omega}{\sqrt{(\sin^2\alpha - \sin^2\omega)} \cdot \sqrt{(1 - \cos^2\gamma \cos^2\omega)}}.$$

Ces quatre intégrales se réduisent aux suivantes, qui ont pour limites $\varphi = 0$, $\varphi = \lambda$:

$$T = \frac{\sin \mathfrak{C}}{\sin^2\alpha \sin^2\gamma}\, \int \varphi d\varphi \sqrt{(\sin^2\lambda - \sin^2\varphi)},$$

$$T' = \frac{\sin \mathfrak{C}}{\sin^2\alpha \sin^2\gamma}\, \int (\tfrac{1}{2}\pi - \varphi)d\varphi \sqrt{(\sin^2\lambda - \sin^2\varphi)},$$

$$V = \frac{1}{\sin \mathfrak{C}} \int \frac{\varphi d\varphi}{\sqrt{(\sin^2\lambda - \sin^2\varphi)}},$$

$$V' = \frac{1}{\sin \mathfrak{C}} \int \frac{(\tfrac{1}{2}\pi - \varphi)\, d\varphi}{\sqrt{(\sin^2\lambda - \sin^2\varphi)}}.$$

Il résulte de ces expressions les deux formules :

$$T + T' = \frac{\pi \sin \varsigma}{2\sin^2\alpha \sin^2\gamma} \int d\varphi \sqrt{(\sin^2\lambda - \sin^2\varphi)},$$

$$V + V' = \frac{\pi}{2\sin \varsigma} \int \frac{d\varphi}{\sqrt{(\sin^2\lambda - \sin^2\varphi)}},$$

lesquelles peuvent être exprimées en fonctions elliptiques dont le module $c = \sin\lambda = \dfrac{\sin\gamma}{\sin\varsigma}$, de la manière suivante,

$$T + T' = \frac{\pi \sin \varsigma}{2\sin^2\alpha \sin^2\gamma} E(c, \varsigma) - \frac{\pi\cos^2\gamma}{2\sin\varsigma \sin^2\gamma} F(c, \varsigma) - \frac{\pi\cos\alpha}{2\sin^2\alpha},$$

$$V + V' = \frac{\pi}{2\sin \varsigma} F(c, \varsigma).$$

COROLLAIRES.

Des valeurs de $T + T'$ et $V + V'$, on déduit, en faisant $\gamma = \alpha$, et par suite, $\cos\varsigma = \cos^2\alpha$, $c = \dfrac{\sin\alpha}{\sin\varsigma}$, les deux formules suivantes :

$$\int \frac{(\omega + \Omega \cos\omega)d\omega}{\sqrt{(\cos^2\omega - \cos^2\alpha)} \cdot \sqrt{(1 - \cos^2\alpha \cos^2\omega)}} = \frac{\pi}{2\sin\varsigma} F(c, \varsigma),$$

$$\int \frac{(\Omega - \omega \cos\omega)d\omega \cos\omega}{\sin^2\omega \sqrt{(\cos^2\omega - \cos^2\alpha)} \cdot \sqrt{(1 - \cos^2\alpha\cos^2\omega)}} = \frac{\pi \sin\varsigma}{2\sin^4\alpha} E(c, \varsigma)$$
$$- \frac{\pi\cos^2\alpha}{2\sin\alpha\sin\varsigma} F(c, \varsigma) - \frac{\pi\cos\omega}{2\sin^2\alpha}.$$

Des valeurs de T et T' on déduit encore les deux formules

$$\int \frac{(1 - \omega \cot\omega)d\omega}{\sin\omega \sqrt{(1 - \cos^2\alpha \cos^2\omega)}} = \frac{\frac{1}{2}\pi}{1 + \cos\alpha} + \frac{\alpha\cot\alpha - 1}{\sin\alpha}, \qquad \begin{cases} \omega = 0 \\ \omega = \frac{1}{2}\pi \end{cases}$$

$$\int \frac{(\Omega - \sin\omega)d\omega \cos\omega)}{\sin^2\omega \sqrt{(\sin^2\alpha - \sin^2\omega)}} = \frac{1 - \alpha\cot\alpha}{\sin\alpha}. \qquad \begin{cases} \omega = 0 \\ \omega = \alpha \end{cases}$$

CASE XVI.	

Dénominat. $\begin{cases} M \text{ et } N \text{ comme dans la case I.} \\ \text{Module } c = \sqrt{\left(1 - \dfrac{\sin^2\alpha}{\sin\varsigma}\right)}, \quad b = \dfrac{\sin\alpha}{\sin\varsigma}. \end{cases}$

Limites des intégrales, $\omega = \alpha$, $\omega = \varsigma$.

$$\int \frac{d\omega \cos\omega}{MN} = \frac{1}{\sin\varsigma} F^1(c),$$

$$\int \frac{d\omega \cos\alpha \sin^2\omega}{MN} = \sin\varsigma \, E^1(c),$$

$$\int \frac{d\omega\cos\omega\,\sin^{2n}\omega}{MN} = \sin^{2n-1}\varsigma \int \Delta^{2n-1}\,d\varphi\,, \qquad\qquad \left\{ \begin{array}{l} \varphi = 0 \\ \varphi = \tfrac{1}{2}\pi \end{array} \right.$$

$$\int \frac{d\omega\cos\omega}{MN\,\sin^2\omega} = \frac{1}{\sin^3\varsigma}\int \frac{d\varphi}{\Delta^3} = \frac{1}{\sin^2\alpha\,\sin\varsigma}\,E^1(c)\,,$$

$$\int \frac{d\omega\cos\omega}{MN\sin^{2n}\omega} = \frac{1}{\sin^{2n+1}\varsigma}\int \frac{d\varphi}{\Delta^{2n+1}} = \frac{1}{\sin\varsigma\,\sin^{2n}\alpha}\int \Delta^{2n-1}d\varphi\,.$$

$$\int \frac{d\omega}{MN\cos\omega} = \frac{1}{\sin\varsigma\,\cos^2\varsigma}\,\Pi^1(c^2\tan^2\varsigma,\ c)\,,$$

$$\int \frac{d\omega}{MN\cos^{2n-1}\varsigma} = \frac{1}{\sin\varsigma\,\cos^{2n}\varsigma}\int \frac{d\varphi}{\Delta\,(1 + c^2\tan^2\varsigma\,\sin^2\varphi)^n}\,. \qquad \left\{ \begin{array}{l} \varphi = 0 \\ \varphi = \tfrac{1}{2}\pi \end{array} \right.$$

Toutes ces intégrales peuvent s'exprimer par les trois fonctions complètes $F^1(c)$, $E^1(c)$, $\Pi^1(c^2\tan^2\varsigma,\ c)$.

Si l'on change dans ces formules $\sin\alpha$ en $\cos\varsigma$, et $\sin\varsigma$ en $\cos\alpha$, ce qui donne pour c et b les valeurs $c = \sqrt{\left(1 - \frac{\cos^2\varsigma}{\cos^2\alpha}\right)}$, $b = \frac{\cos\varsigma}{\cos\alpha}$, ou, suivant les dénominations de la case IV, $c = \sin\gamma$, $b = \cos\gamma$, on aura les trois formules générales qui suivent :

$$\int \frac{d\omega\sin\omega\,\cos^{2n}\omega}{MN} = \cos^{2n-1}\alpha \int \Delta^{2n-1}d\varphi\,, \qquad\qquad \left\{ \begin{array}{l} \varphi = 0 \\ \varphi = \tfrac{1}{2}\pi \end{array} \right.$$

$$\int \frac{d\omega\sin\omega}{MN\cos^{2n}\omega} = \frac{1}{\cos\alpha\,\cos^{2n}\varsigma}\int \Delta^{2n-1}d\varphi\,,$$

$$\int \frac{d\omega}{MN\sin^{2n-1}\omega} = \frac{1}{\cos\alpha\,\sin^{2n}\alpha}\int \frac{d\varphi}{\Delta(1 + c^2\cot^2\alpha\,\sin^2\varphi)^n}\,.$$

Toutes ces intégrales peuvent donc encore s'exprimer par les trois fonctions complètes $F^1(c)$, $E^1(c)$, $\Pi^1(c^2\cot^2\alpha,\ c)$.

*SUPPLÉMENT à l'*Errata *des Exercices de Calcul intégral.*

Pag.	Lignes.	CORRECTIONS ET ADDITIONS.
3o	Fin de la page.	$(1 - \sqrt{3})\sqrt{(\tfrac{1}{2}\sqrt{3})}$, *lisez* $(\sqrt{3} - 1)\sqrt{(\tfrac{1}{2}\sqrt{3})}$.
65	13	$\cot 2\theta \cdot \dfrac{d\mathrm{F}^1}{d\theta}$, *lisez* $2\cot 2\theta \cdot \dfrac{d\mathrm{F}^1}{d\theta}$.
	14	$\dfrac{1}{\sin 2\theta} \cdot \dfrac{d\mathrm{E}^1}{d\theta}$, *lisez* $\dfrac{2}{\sin 2\theta} \cdot \dfrac{d\mathrm{E}^1}{d\theta}$.
92	7	$c^{o5} \sin^2\varphi^{o4}$, *lisez* $c^{o5} \sin 2\varphi^{o4}$.
93	Vers la fin.	Φ'', *lisez* Φ'.
104	22	G et G^1, *lisez* G et G'.
111	22	$\mathrm{E}(c, \varphi)$, *lisez* $\mathrm{F}(c, \varphi)$.
113	8	art. 76, *lisez* art. 79.
	10	*Ajoutez* La valeur de $\mathrm{E}^1(c)$ peut se mettre plus simplement sous la forme $\mathrm{E}^1(c) = \tfrac{1}{2}b^2(1 + \tfrac{1}{2}b')\mathrm{F}^1(c) + \sqrt{\dfrac{c}{c'}}$
114	17	*Ajoutez* La valeur de $\mathrm{E}^1(c)$ se réduit encore à la forme $\mathrm{E}^1(c) = \dfrac{\pi}{2} \cdot \dfrac{1}{b^o}\sqrt{\left(\dfrac{b}{b^o}\right)}$, de sorte qu'on a directement $\mathrm{F}^1(c) = \dfrac{\pi}{2} \cdot \dfrac{1}{\cos \frac{1}{2}\mu \sqrt[4]{(\cos\mu)}}$, $\mathrm{E}^1(c) = \dfrac{\pi}{2} \cdot \dfrac{\cos^3 \frac{1}{2}\mu}{\sqrt[4]{(\cos\mu)}}$.
334	Vers la fin.	$sf(\theta)$, *lisez* $5f(\theta)$.
339	19	x^2, *lisez* x.
354	Avant dern.	dx, *lisez* $d\varphi$.
355	28	précédent, *lisez* suivant.

$$\frac{x^3 + 3x^2y + 3y^2x - 98}{-x^3 - 4x^2y + 2y^2x + 10x} \,\bigg|\, \begin{array}{l} x^2 + 4xy - 2y^2 - 10 \\ \hline x - y \end{array}$$

$$\begin{array}{l} - \ x^2y + 5y^2x + 10x - 98 \\ + \ x^2y + 4y^2x - 2y^3 - 10y \end{array}$$

1er Reste$\ldots\ldots + (9y^2 + 10)x - 2y^3 - 10y - 98$

$$\begin{array}{l} x^2 + 4xy - 2y^2 - 10 \\ \hline \end{array} \,\bigg|\, (9y^2 + 10)x - 2y^3 - 10y - 9^8$$

ou bien $(9y^2 + 10)x^2 + 36xy^3 - 18y^4 - 110y^2 - 100 \ \bigg| \ (9y^2 + 10)x - 2y^3 - 10y - 98$

$$+ 40xy$$

$$\frac{-(9y^2 + 10)x^2 + 2xy^3 + 98x}{+10xy} \ \bigg| \ x + 38y^3 + 50y + 98$$

$$\begin{array}{l} + 38xy^3 - 18y^4 - 110y^2 - 100 \\ + 50xy \\ + 98x \end{array}$$

ou bien $\quad (38y^3 + 50y + 98)(9y^2 + 10)x - 162y^6 - 1170y^4 - 2000y^2 - 1000$

$$-(38y^3 + 50y + 98)(9y^2 + 10)x + 76y^6 + 480y^4 + 3920y^3 + 500y^2 + 5880y + 9604$$

2e Reste$\ldots\ldots\ldots\ldots\ldots\ldots\ldots\ldots - 86y^6 - 690y^4 + 3920y^3 - 1500y^2 + 5880y + 8604$

Divisant tous les termes de ce rest   ·r 2, rendant le premier ter .e positif et l'égalant à
zéro, il vient

$$43y^6 + 345y^4 - 1960y^3 + \ 0y^2 - 2940y - 4302 = 0.$$